中国科普大奖图书典藏书系

相对论通俗演义

张轩中◎著

长江出版传媒 ⓚ 湖北科学技术出版社

图书在版编目（CIP）数据

相对论通俗演义/ 张轩中著. —武汉：湖北科学
技术出版社，2017.12
  ISBN 978-7-5352-9871-3

  Ⅰ.①相…　Ⅱ.①张…　Ⅲ.①相对论—普及读物
Ⅳ.①O412.1-49

中国版本图书馆 CIP 数据核字（2017）第 288986 号

相对论通俗演义
XIANGDUILUN TONGSU YANYI

责任编辑：高　然　彭永东　胡　静　　　　　　封面设计：胡　博

出版发行：湖北科学技术出版社　　　　　　　电话：027 –87679468
地　　址：武汉市雄楚大街 268 号　　　　　　邮编：430070
　　　　　（湖北出版文化城 B 座 13—14 层）
网　　址：http://www.hbstp.com.cn

印　　刷：仙桃市新华印务有限责任公司　　　　　　邮编：433000

710 ×1000　　1/16　　　　　　　13.875 印张　　2 插页　　198 千字
2018 年 5 月第 1 版　　　　　　　　2018 年 5 月第 1 次印刷
　　　　　　　　　　　　　　　　　　　　　　　定价：35.00 元

总　序
ZONGXU

　　我热烈祝贺"中国科普大奖图书典藏书系"的出版！"空谈误国，实干兴邦。"习近平同志在参观《复兴之路》展览时讲得多么深刻！本书系的出版，正是科普工作实干的具体体现。

　　科普工作是一项功在当代、利在千秋的重要事业。1953年，毛泽东同志视察中国科学院紫金山天文台时说："我们要多向群众介绍科学知识。"1988年，邓小平同志提出"科学技术是第一生产力"，而科学技术研究和科学技术普及是科学技术发展的双翼。1995年，江泽民同志提出在全国实施科教兴国战略，而科普工作是科教兴国战略的一个重要组成部分。2003年，胡锦涛同志提出的科学发展观既是科普工作的指导方针，又是科普工作的重要宣传内容；不是科学的发展，实质上就谈不上真正的可持续发展。

　　科普创作肩负着传播知识、激发兴趣、启迪智慧的重要责任。"科学求真，人文求善"，同时求美，优秀的科普作品不仅能带给人们真、善、美的阅读体验，还能引人深思，激发人们的求知欲、好奇心与创造力，从而提高个人乃至全民的科学文化素质。国民素质是第一国力。教育的宗旨，科普的目的，就是为了提高国民素质。只有全民的综合素质提高了，中国才有可能屹立于世界民族之林，才有可能实现习近平同志最近提出的中华民族的伟大复兴这个中国梦！

　　新中国成立以来，我国的科普事业经历了：1949—1965年的创立与发展阶段；1966—1976年的中断与恢复阶段；1977—

1990 年的恢复与发展阶段；1990—1999 年的繁荣与进步阶段；2000 年至今的创新发展阶段。60 多年过去了，我国的科技水平已达到"可上九天揽月，可下五洋捉鳖"的地步，而伴随着我国社会主义事业日新月异的发展，我国的科普工作也早已是一派蒸蒸日上、欣欣向荣的景象，结出了累累硕果。同时，展望明天，科普工作如同科技工作，任务更加伟大、艰巨，前景更加辉煌、喜人。

"中国科普大奖图书典藏书系"正是在这 60 多年间，我国高水平原创科普作品的一次集中展示。书系中一部部不同时期、不同作者、不同题材、不同风格的优秀科普作品生动地反映出新中国成立以来中国科普创作走过的光辉历程。为了保证书系的高品位和高质量，编委会制定了严格的选编标准和原则：一、获得图书大奖的科普作品、科学文艺作品（包括科幻小说、科学小品、科学童话、科学诗歌、科学传记等）；二、曾经产生很大影响、入选中小学教材的科普作家的作品；三、弘扬科学精神、普及科学知识、传播科学方法，时代精神与人文精神俱佳的优秀科普作品；四、每个作家只选编一部代表作。

在长长的书名和作者名单中，我看到了许多耳熟能详的名字，备感亲切。作者中有许多我国科技界、文化界、教育界的老前辈，其中有些已经过世；也有许多一直为科普事业辛勤耕耘的我的同事或同行；更有许多近年来在科普作品创作中取得突出成绩的后起之秀。在此，向他们致以崇高的敬意！

科普事业需要传承，需要发展，更需要开拓、创新！当今世界的科学技术在飞速发展、日新月异，人们的生活习惯和工作节奏也随着科学技术的进步在迅速变化。新的形势要求科普创作跟上时代的脚步，不断更新、创新。这就需要有更多的有志之士加入到科普创作的队伍中来，只有新的科普创作者不断涌现，新的优秀科普作品层出不穷，我国的科普事业才能继往开来，不断焕发出新的生命力，不断为推动科技发展、为提高国民素质做出更好、更多、更新的贡献。

"中国科普大奖图书典藏书系"承载着新中国成立60多年来科普创作的历史——历史是辉煌的，今天是美好的！未来是更加辉煌、更加美好的。我深信，我国社会各界有志之士一定会共同努力，把我国的科普事业推向新的高度，为全面建成小康社会和实现中华民族的伟大复兴做出我们应有的贡献！"会当凌绝顶，一览众山小"！

中国科学院院士
华中科技大学教授　　杨叔子　二〇一二
九·廿八

序　一

张轩中是北京师范大学广义相对论专业毕业的研究生,从本科到研究生阶段,他陆续学习了引力与相对论专业的基础课程(包括广义相对论、整体微分几何、群论、高等量子力学、量子场论、量子统计、黑洞物理、宇宙学、弯曲时空量子场论、量子引力等),并在难度极大的现代微分几何、高维引力和量子引力方向进行了钻研。同时,对文学、历史和科普的爱好驱使他阅读了许多科学史方面的书籍和资料,并在研究生期间进行了科普创作。他的高级科普作品《相对论通俗演义》在网上发表后,受到许多年轻人的喜爱。

我虽然对网上文学的语言不大习惯,但对他勇于实干、创新的精神及作品中内容的正确与生动深感钦佩。

有志青年都应该知道,自己的创造旅程应该从年轻时开始,万里之行,始于足下,路在哪里? 路在脚下。

历史上杰出的科学家、工程师、文学家、艺术家、政治家大都在 20～30 岁就有所成就,甚至做出伟大贡献。牛顿和爱因斯坦的重大成就大都产生于 20～40 岁。青年人应该注意:奇迹不是老头子、老太太创造的,而是年轻人创造的。青年时代就应该开始自己的创造生涯,最重要的是勇于迈出第一步。

轩中学习和工作的北京师范大学相对论小组是目前国内最强的相对论研究团队之一。它诞生于改革开放的初期。它的创始人刘辽教授,1952

年毕业于北京大学物理系，1957年被错划为"右派"。他在平反前的20多年中承受了巨大的政治压力和精神压力，正是在这样的逆境中他开始了自己的相对论研究生涯。他的思想在爱因斯坦的弯曲时空中游荡，那美妙的科学理论给他压抑的心灵带来了少许的安慰。即使在文化大革命的漫漫长夜中，刘辽先生仍在劳改的疲劳之后，继续广义相对论的钻研，并在牛棚中收了两个因反林彪而被打成反革命的青年学生(杨以鸿、刘忠柱)作为自己最早研究相对论的弟子。

改革开放的春风，使刘辽先生获得了施展才华的机会。在天文系和物理系的老师的支持下，他带领一批中青年教师展开广义相对论的研究，在全国各地举办广义相对论讲习班，并开始正式招收研究生，为广义相对论在中国的传播做出了重要贡献。

1981年至1983年，北京师范大学相对论组的梁灿彬先生赴美追随国际著名相对论专家罗伯特·沃尔德和罗伯特·盖罗奇教授学习广义相对论，把用整体微分几何表述的现代广义相对论形式引进中国。梁先生把大量精力投入到现代微分几何与广义相对论的教学中，对推动中国的相对论研究做出了重要贡献。

在过去的20多年中，北京师范大学的广义相对论小组是中国最活跃的相对论研究团队之一。其研究小组内容覆盖经典广义相对论、时空的因果结构、场方程的严格解、黑洞物理、弯曲时空量子场论、暴胀宇宙学、量子宇宙学、黑洞与时间机器、量子引力等。从经典到量子，展开了一个宽大的研究扇面。

近年来，虽然老一代的几位教师(物理系的刘辽、梁灿彬、王永成、赵峥、裴寿镛；天文系的李宗伟、曹盛林、吴时敏等)逐渐退休，但新一代的几位年轻有为的教师(物理系的朱建阳、马永革、刘文彪、周彬、高思杰；天文系的朱宗宏、张同杰等)已经承担起科研与教学的重担，并翻开了北京师范大学相对论研究新的一页。

轩中正是在这一学术环境中成长起来的。轩中在本书中不仅用生动的语言介绍了相对论建立发展的历史、它的物理思想，而且介绍了现代微分几何在相对论中的应用，以及若干研究前沿。

几何与算术，原本是最早应用于自然科学的数学工具，有文字的记载可追溯到公元前的古希腊时代。此后，几何与代数有了长足的发展。牛顿时代(17世纪)，微积分开始创立，但还没有成熟到可以得心应手地运用的程度。因此，牛顿的物理研究主要以几何为工具，《自然哲学之数学原理》中有大量几何图形。

此后的100多年中，微积分飞速发展，逐渐取代几何成为物理学研究的主要数学工具。拉格朗日的著作《分析力学》是一个明显的标志，该书没有一张图，拉格朗日把几何"彻底"赶出了物理学。这种情况一直到爱因斯坦建立广义相对论、黎曼几何作为工具被引进，几何学才再次返回物理领域。

20世纪中期以后，由于彭罗斯、霍金等人的努力，现代微分几何被引进相对论研究，并逐渐扩散到物理学的其他领域。现代微分几何与爱因斯坦等人使用的古典微分几何有所不同，其特点之一是把"坐标"赶了出去，使坐标系的应用处于可有可无的地位，这是一般物理工作者所不熟悉的。

轩中曾追随梁灿彬教授和马永革教授学习过现代微分几何。他是马永革教授的研究生，在马教授的指导下做过相对论研究。轩中在本书中，尝试用幽默的语言对现代微分几何及广义相对论的若干前沿作通俗的介绍，并取得了一定的成功。

希望本书能引起青年读者对现代几何学与相对论的兴趣，也希望轩中能在科研和科普工作中再接再厉。

中国物理学会引力和相对论天体物理分
会前理事长、北京师范大学物理系教授　　赵　峥

2007年8月28日

序 二

当张华邀请我为他的书作序时，我欣然接受。在中国，我们需要更多受过专业训练的科学工作者来投身于科普事业，因为只有如此科学才能够更好地融入主流文化之中。我个人认为，科学不仅仅是人类发展技术、探索未知世界所倚重的一种方法，它更是我们的一种生活态度和思维方式。有一天当科学能够深深植根于传统中国文化，也许就是我们实现科教兴国的强国梦的时候。

本书伊始在回顾整个引力理论发展的同时穿插了很多的人物轶事，之后作者以自己的视角介绍了其钟爱的旋量和扭量。通读全书，作者流畅的文笔和富有感染力的文字给我留下了极为深刻的印象，本书的写作风格将会有助于读者尽快地熟悉这一陌生的领域。相信本书会吸引一大批读者，尤其是那些希望能尽快对相对论有所了解的高中生和大学低年级的学生。

在最近 30 年中，随着相对论天体物理的迅猛发展，GPB（B 型引力探测器）实验技术的日益成熟，LIGO（激光干涉引力波天文台）和其他地面探测引力波实验已开始读取数据， 再加上极有发展前景的空间引力波探测实验 LISA（激光干涉空间天线）的开展和一些旨在验证爱因斯坦广义相对论理论的实验提案相继问世，促使相对论的研究进入一个崭新的时代，而整个学科面貌的改观又迫使理论工作者们越来越多地和从事天文物理、宏观量子力学、量子光学、计算物理、空间科学、统计学及实验物理的同事们进行交流和合作。

在未来的 20 年里,可以预见相对论将会与越来越多的学科交叉,蓬勃发展。

张华的这本书将可为以后从事这方面研究的学生们提供一个有趣的补充教材。

中国科学院数学和系统科学
研究院应用数学研究所研究员　　**刘润球**

（白珊／译）

附:"序二"英文原文

When Zhang Hua asked me to write a preface for his book, I gladly agreed to do so. In China, we need more people who understand science to write about science for the general public. This will help to assimilate science into the Chinese culture. Personally I hold the view that science is more than just advancing our frontier in knowledge or technologies, it should also be a way we think and live our daily lives. One day when science takes root in our culture, perhaps that is moment we realise the aspiration of being a strong nation through science and education.

The book begins with a historial introduction of the development of gravitation theory and then concludes by a very personal account of spinors and twisters Zhang Hua is very fond of. I am very impressed by the literary style and fluency of the writing. No doubt this will help the readership to acquaint with the subject.

The book will appeal to a very wide spectrum of readerships, in particular to the high school students and beginning undergraduates whom want to have a glimpse of the subject.

In the last three decades, due to the advance in relativistic astrophysics, the

GPB experiment, LIGO and other ground based effort to detect gravitational radi-ation, plus the very ambituous proposed LISA project in space and a host of other proposed experiments in space to test Einstein's theory of general relativity, the re-search in general relativity has already entered a new era. This change of landacape in general relativity also forces theoreticans to have a better understanding and collaboration with their colleagues in astrophysics, macroscopic quantum mech-anics, quantum optics, computational physics, space science, statistics plus pos-sibly experimental physics as well.

It is likely that general relativity research in China will become more interdis-ciplinary in the next two decades. Zhang Hua's book may serve as supplementary reading material for students whom take an interest in this field.

中国科普大奖图书典藏书系

目 录

第一章　大学毕业生爱因斯坦

（1）

2016 年年初，发生了"引力波事件"，美国的激光干涉引力波天文台 LIGO 宣布发现了引力波。到了 2017 年 10 月，引力波探测项目得到了当年的诺贝尔物理学奖。同年 10 月，双中子星碰撞发出的引力波也吸引了大众的眼球，因为在引力波发射的同时探测到了引力波的电磁对应体，中国的"慧眼"卫星与南极天文中心都捕捉到了相关信号。

引力波是广义相对论的一个预言，所以当引力波被发现的时候，相对论也成为一个大众很有兴趣的热门话题。

相对论基本上是爱因斯坦一个人创建的。回顾相对论的思想历程也是非常有意思的。爱因斯坦创建相对论的过程并不是一蹴而就，我们可以从爱因斯坦大学刚毕业的那段时间开始说起。

爱因斯坦读大学的时候，实际上可以算是一个师范生。在 1900 年爱因斯坦大学毕业以后的两年里，他没有找到一个正经的工作。因为他当时有一个女朋友，开销比较大，所以他以做家教维持生计。

1902 年 2 月 5 日，出现在瑞士《伯尔尼都市报》的一则广告这样写道：

001

　　由苏黎世联邦工学院教师文凭持有者

　　阿尔伯特·爱因斯坦

　　为大学生及中小学生

　　提供最完善的

　　数学和物理

　　私人授课

　　正义街 32 号，二楼

　　免费试听

　　刊登这个广告的青年人，就是大学刚毕业的爱因斯坦。爱因斯坦当时的情况其实相当不妙——虽然爱因斯坦出身于小企业主家庭，类似于浙江地区的很多私营企业主。这种创业阶段的小公司，其实风险很大。爱因斯坦父亲的生意也没有做得很好，曾经有一段时间他父亲的企业试图与当时也是小企业的西门子公司竞争政府项目，但终究失败了。

　　很明显，爱因斯坦对他的数学物理还是很有自信的，不过他年轻时代的落魄，有点像周星驰电影《喜剧之王》里的尹天仇——尹天仇一心想成为一个电影明星，曾经站在大海边高喊"努力，奋斗"，但尹天仇的演艺经历非常坎坷，他只能在街坊福利院给街坊邻居与妓女们讲解如何演戏，很多人嘲笑他是"死跑龙套的"，尹天仇严肃地回应："其实，我是一个演员！"

　　爱因斯坦也差不多，大学毕业以后，他其实已经离开了学术圈，虽然他的理想是成为一名科学家，但他也成了一个游离在主流科学界之外的"小混混"。

　　当然，与尹天仇一样，爱因斯坦实际是一个天才。他虽然连一个正经的工作都没有，但他已经掌握了当时最前沿的数学物理知识，他的内心深处其实已经积聚了很多力量，这些力量来自于科学知识。更为重要的是，爱因斯坦后来把学到的很多知识融会贯通，渐渐形成了自己的思想体系。

　　爱因斯坦当时掌握的这些科学知识非常芜杂，有些是他已经知道的，有些是他还不知道的，我们可以慢慢来看一下。

（2）

数学家一般都比较高冷，相对于社会中的庸碌众人，数学家能以其特立独行的方式来给这个宇宙造一个非常特别的描述工具。并且，从某种意义上来说，这个描述工具是最基本的。

数学看起来比绘画和音乐更加基本。绘画和音乐也可以描述世界，但这种描述方法依赖于眼睛和耳朵。数学描述也有一个最基本的依赖，它依赖于大脑。但有理由相信的一点是：我们地球文明之外的外星文明，那些智慧生物可以没有眼睛，没有耳朵，但他们不能没有大脑。而只要有大脑，而且还能建立文明，那他们肯定必须懂数学。

在数学上，众所周知的最基础的数学定理之一是毕达哥拉斯定理，这个定理在中国又被叫做勾股定理。

毕达哥拉斯定理的发现者毕达哥拉斯是一个杰出的古代数学家，他认为，世界的本质是数。

他的说法听起来好像是有点夸张，但初衷是善良的，他不是要故意压迫那些非数学家。确实，数非常重要。比如像2，3，5，7…这样的数字，我们称之为素数，它们是基本的。如果人类想要向外太空发射信息，寻找其他的文明，一个方法是向天空发射圆周率，另外一个方法就是朝天空发射"素数"。因为，在宇宙的各个角落如果也有具备一定文明水平的外星人，他们收到这样的信号，肯定会知道这个信号来自文明社会。当然了，外星人也许会欢欣鼓舞，因为这无疑给他们一个信号，预示在这个苍凉的宇宙，他们并不孤独。当然也许外星人会循着这个信号的轨迹，前来侵略我们地球——这就是科幻小说《三体》所描述的故事了。

毕达哥拉斯定理属于平面几何学。

平面几何学看起来非常初等，其实也是有很深的学问的。很多最简单的几何问题都有非凡的美感,比如已知一个三角形的三条边长,如何写出三角形的面积,这背后就是海伦公式。还有一个最优美的几何定理叫做莫雷定理:对任意三角形的三个内角分别做三等分线,这些三等分线就近两两相交产生三个交点,这三个交点构成一个正三角形。

爱因斯坦从小就受到了很好的平面几何教育,所以他能用很多种方法来证明毕达哥拉斯定理。不过实际上,要发现相对论,光有平面几何的知识是不够的,还需要知道曲面上的几何学。

如果说平面上的几何学可以用来计算一张方桌的对角线的长度,那么曲面上的几何学就是要计算一个篮球表面的三角形的周长……

（3）

这曲面上的几何学,是大学刚毕业时的爱因斯坦还没有掌握的知识。

那么,曲面上的几何学是怎么被发现的呢?

其实它的萌芽也埋藏在平面几何学之中。

平面几何由欧几里得创建。欧几里得写的一本众所周知的书,叫《几何原本》。这至少是 2000 年前的事情了。但中国人看到这书的时候,是在明朝的徐光启时代——现在上海有一个很有名的商业区叫做徐家汇,相传就是徐光启的"宅基地"。徐光启与传教士利玛窦一起翻译了《几何原本》的中文版,在中国出版后几乎无人问津——因为当时的科举考试并不需要考几何学,所以大家都不关心这本书。不过据高晓松讲的《金瓶梅》,明朝中后期的出版业是非常发达的,像《几何原本》这样的书,成书可能稍晚于《金瓶梅》,但相信也出版过一些吧。

《几何原本》其实给出了一个公理化的数学体系,在这里有五条公理,其实就是五个假设——这五个假设被认为是不证自明的。虽然一般人说不全到底是哪五个,那也没有关系。我们来看看第五条假设是怎么说的:

所有平行线永不相交(注意,这里有一个很微妙的概念,那就是平行线到底是不是一定要是直线?因为如果只说平行,并不一定是直线,这事情值得好好玩味)。这第五公设对铺设高压电线的工人来说,直觉上肯定是正确的——如果平行的电线会相交,那么很容易触电短路引发事故。

但是,事情往往没有那么显而易见。有的人认为,这第五公设,不能作为一个公理,因为它可能可以被其他四条公理推出来。意思就是说,它不是独立的,也不是不证自明的。

打个比方就是,《几何原本》好比是一个古代的神庙,它有5块巨大的石头作为地基。但第五块石头,有的人认为靠不住。

爱因斯坦的广义相对论,与第五公设这个问题休戚相关。当然,我不准备在这里做任何数学的证明,通俗的演义往往与数学相隔遥远,我们引用爱丁顿的话:"证明是一个偶像,数学家在这个偶像面前折磨自己。"这本书不是给数学家写的,这只是一本科普书。

第五公设折磨了一代又一代的人——大家都不能证明这个公设不是独立的。当折磨到高斯的时候,这个折磨终告结束,高斯系统性地建立了新的几何学,叫做微分几何学。高斯在微分几何学中发现了两个大定理,相当于一下子超越了欧几里得。(高斯的两大定理是:高斯—波涅定理与高斯绝妙定理)

简单地说,欧几里得的几何学是关于平坦空间的几何学。而高斯得到的是真正广泛的几何学,它不仅仅要处理平坦空间里的情景,而且要处理曲面上的几何学——而在曲面上两条平行线显然是会相交的,大家看看地球仪上所有经线(注意,它们是相互平行的)在南极与北极相交就知道了。

当然,这是爱因斯坦在大学毕业的时候还不知道的数学。爱因斯坦要到30多岁的时候,才补上了这些数学知识。其中,爱因斯坦补的微分几何知识,除了高斯创建的一部分,还有黎曼创建的一部分。

黎曼是研究弯曲空间几何学的大师,他相当于把高斯的曲面上的几何学推广到了高维空间。黎曼死的时候才39岁,但他活着的时候一直很优秀。1854年,28岁的他为了在哥廷根大学获得一个讲师的职位,发表了一个关于几何学的演讲,演讲的题目是《论几何学之基础》。这次演讲是开天辟地的一个壮举——演讲的主要意思是说,几何对象的研究可以脱离于外部空间而存在。这就好像我们研究一个人,不需要研究这个人住在什么房子里一样。黎曼做这个演讲的时候,下面的听众很多,但几乎没有人能够听懂,因为这玩意实在太新潮,很多人不懂。只有一位老者频频点头表示赞同。这个老者,名字叫高斯。高斯很清楚黎曼在干什么,因为他自己的绝妙定理说的就是这个事情,所以他看黎曼这个年轻人,仿佛看到了年轻时代的自己,有一种惺惺相惜之感。

这个故事发生在黎曼为了在大学得到讲师职位的时候。为什么一位讲师讲的东西在同一所大学里别的教授全听不懂?这说明黎曼实在是太有才华了。在一所很好的大学,无论是国内还是国外,都可能有这样的情况:博导不如教授,教授不如副教授,副教授不如讲师。这是一流的好大学必须具备的特点之一。

我们知道,在数学历史上,黎曼是最伟大的数学大师之一,在数学历史上排前3名肯定没有问题,他后来的贡献繁多,以其在微分几何和复分析里的伟大建树影响历史。现在,黎曼猜想还在引领数学的潮流,这个猜想说黎曼函数的非平凡零点全在 $Re(z)=1/2$ 这根直线上。

黎曼几何的出现,给爱因斯坦的广义相对论理论提供了一个先天的数学工具。历史表明,数学物理在这个时候,达到了一个全新的高度。不过这是后话,因为前面已经说了,这些是大学毕业时的爱因斯坦所不知道的,他还需要学习……

（4）

大学毕业的爱因斯坦还知道什么呢?

当然就是万有引力定律了。

"今月曾经照古人",这是李白说的。看到月亮,很多人有一些基本的问题:人不看月亮的时候月亮是否存在?为什么月亮只以一面面向地球?

1665 年,英国的剑桥大学三一学院毕业了一个本科生,他叫做牛顿。当时因为伦敦地区闹瘟疫,他回到了乡下老家伍尔索普。牛顿在乡下的一年半,后来被证明只有爱因斯坦 1905 年在瑞士专利局的那段时间,可以与之媲美。牛顿解决了一个千古之谜,他发现了万有引力定律,从而解释了为什么月球会绕着地球天马行空地周期转动。牛顿发现万有引力定律以后,我们才真正看到了穿透现象本身的物理学。而爱因斯坦后来发展出来的广义相对论,就是研究万有引力的。

牛顿是怀着格物知理理想的数学物理大家。牛顿和爱因斯坦是人类历史上的科学巨匠。但牛顿相比爱因斯坦,具有一种由内而外的霸王气概。他的工作显然是划时代的,其情操也是划时代的。在历史上,因为以前学术成果优先权的争议,他与莱布尼茨和胡克等人交恶。同时代的那些伟人在他面前,几乎全失去了颜色。我们只能由衷地叹上一句:到底是牛顿!牛顿有少儿暴怒症,动不动就大发雷

牛顿

霆,这病的起因在于他是一个遗腹子,并且在少年时代受过贫穷和冷眼。鲁迅在《父亲的病》里也表现出同样的对世态炎凉的理解。

在性格上,牛顿不算是一个谦恭之人,他恃才傲物、藐视同伦,普通人是做不到的。牛顿发现了万有引力定律,仅这一项,就足够他鹤立鸡群了。何况牛顿还有很多别的科学成就,比如微积分和白光的七色分解。盖棺定论套用李敖的话说:"牛顿其人,500 年不朽;牛顿其文,1000 年不朽……"

第二章　牛顿站在他的肩膀上

（1）

牛顿虽然很牛，但他自己也说了："我只不过是站在了巨人的肩膀之上。"

牛顿站在了两个人的肩膀之上，一个是开普勒，另外一个是伽利略。

我们先来说说开普勒。

物理学也有最初的童稚时代，比开普勒更早的时候，一位叫哥白尼的天文学者出现在历史的大舞台，他写了一本书，书名叫《天体运行论》。这本书出版于 1543 年，出版的时候，作者已经快死了。作者选择在临死之前出版它，原因是这本书在当时是一本很反动的书，因此这是一种对自己负责的态度。

这本书主要说了一件事情：地球是绕着太阳转动的。

哥白尼的这本书很有价值，因为在他之前，教会包括老百姓都相信太阳是绕着地球转动的。哥白尼这个工作其实说明，人类第一个较明智的科学看法，不是虚头巴脑地研究宇宙如何起源、演化，而在于研究太阳和地球的关系。这是一个很务实的进步。

在极早期，托勒密认为太阳绕地球转动，地球位于宇宙的中心，而且其他行星也是绕着地球公转，为了实现这一理论，托勒密利用同时代的柏拉图发现的 5 个正多面体来构造这些行星的轨道,他的这个宇宙模型是一个非常复杂的精密机械。

因为历史上有很多人叫托勒密,所以我们还是要解释一下这个托勒密是什么人。他的全名是克罗狄斯·托勒密(拉丁语:Claudius Ptolemaeus,约90—168),相传他出生于埃及的一个希腊化城市赫勒热斯蒂克。他是罗马帝国统治下的著名的天文学家、地理学家、占星学家和光学家。

其实,托勒密认为太阳绕地球转动,现在看来,也算是没有错误。为什么?因为,机械运动是相对的。谁动谁不动,本来就是"相对的"。所以说,按照牛顿的看法,描述地日运动,托勒密的思想是没有问题的,虽然它可能导致一系列不优美的结论,比如导致木星也绕地球转动,那么我们这个太阳系看上去还真是乱糟糟的。当然大家不要怀疑托勒密的水平,他其实是一个极有天赋的数学家。

1543 年,哥白尼关于日心说的工作出版之后,丹麦的天文学家第谷不太同意哥白尼的观点。第谷出生贵族家庭,是一个有钱来做天文观测的人士。据说第谷年轻的时候与人斗殴,被砍掉半个鼻子。因为他太有钱了,所以他就在鼻梁上安装了半个黄金做的鼻子,这使得他的长相显得非常怪异。

第谷开始夜观天象,并且整理了一套看上去杂乱无章的数据。这套数据,后来保留下来给了他的助手,一个叫开普勒的人,但第谷的本意,好像是想把这些数据传给自己的女婿的。总之,开普勒得到了这一批数据,开始了他异常辛苦的科研生涯。

蔡依林有一首脍炙人口的流行歌曲叫《布拉格广场》:

············

盗贼他偷走

修道士说 No

梦醒来后我

一切都都没有

我就站在布拉格黄昏的广场

在许愿池投下了希望

那群白鸽背对着夕阳

那画面太美我不敢看

…………

当年的开普勒也在布拉格的天文台给第谷当助手。1601年第谷去世了。不久圣罗马皇帝鲁道夫就委任他接替第谷的职位。

但当时德国开始陷入"三十年战争"的大混乱之中。开普勒遇到的一个问题是领取薪水。神圣罗马皇帝即使在较兴隆的时期都是快快不乐地支付薪水。在战乱时期，开普勒的薪水被一拖再拖，得不到及时支付。开普勒结过两次婚，有12个孩子，这样的经济困难的确很严重。另一个问题是他的母亲在1620年由于行巫术而被捕。

所以开普勒生活是相当潦倒的，因为在动荡岁月里做学问根本就不赚钱。1630年，他几个月领不到薪水，经济困难，不得不亲自前往雷根斯堡的基金会讨债，在那里他突发高烧，几天后在贫病交困中去世。

不过开普勒也出版了一些书，在其中的一本书上第谷的女婿还给他写了一篇序文，这篇序文有一个特点，是通篇大骂开普勒剽窃第谷的成就。这样的书是很奇异的。

开普勒

开普勒的《新天文学》和《宇宙和谐论》先后给出了3个行星运动定律。第一个定律是很重要的，这个定律认为行星运动的轨道是一个椭圆，太阳位于椭圆的一个焦点之上。他没有想到,未来的研究会表明,一个封闭的椭圆是一件过于唯美之事,因为根据爱因斯坦的广义相对论,行星轨道会有进动,我们其实不能得到一个封闭的椭圆。第二个定律异常强大,他几乎用肉眼看出角动量守恒定律,这个定律说的是行星矢径在单位时间扫过的面积相同。第三个定律,开普勒从一组数的三次方和另外一组数的平方中看到不变量,这个定律说的是行星运动周期的平方和轨道半径的立方成正比(如果不使用对数坐标,要发现这个规律真的需要火眼金睛,开普勒的洞察力是非常惊人的)。

这三个定律,其实给出了行星运动的现象学描述,而且具有一些可定量的数学公式描述。但是,为什么会有这样的三定律,当时的人们却无法解释。

为了解释开普勒三定律,最后迫使牛顿发现万有引力定律。万有引力定律的出世,其实来自于开普勒对数据的千万次摸排。开普勒的视力不好,相比第谷,他显然不擅长天文观测,但他的确具备从复杂数据中提炼出物理规律的神奇能力。这往往是一种从天上看到人间的天赋异禀。因此,牛顿是站在开普勒的肩膀之上的。

（2）

开普勒的行星运动第一个定律里,出现了一个完美的椭圆。

椭圆是封闭的,这是一个很直观的事实。但是这样的事情如果发生在现实世界,就显得非常不寻常。为什么地球绕太阳公转一周的轨道必须是首尾相接的?因为从物理上来说,空间上有无限多个点,而首尾相接的地方却只有一个点。行星轨道能封闭起来,这背后其实是一种高度的对称性引起的。

行星的轨道是一个椭圆,而椭圆的封闭性这样的对称性背后,包含着守恒的物理量。由对称性导致守恒量,是伟大的德国女数学家诺特(Noether)

011

的思想。数学家外尔曾经这样开玩笑："女数学家有两种，一种不是女的，一种不是数学家。"毫无疑问，诺特肯定是一个数学家，她一辈子没有结婚，把全部精力献给了近世代数。诺特的这个原理是最基本的，在中国国内讲力学的教材有过一次改革，改革的结果是从对称性开始讲力学。

诺特

对称性是美的化身。描述对称性最好的语言是群论。对称性和守恒量有一一对应的关系，这一点，是深刻的。比如，众所周知的结论是，空间是均匀的，所以动量守恒。

行星运动的轨道是封闭的椭圆，这样的对称性导致的守恒量就是拉普拉斯—龙格—楞次矢量。

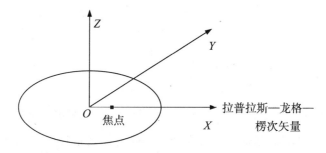

拉普拉斯—龙格—楞次矢量指向椭圆长轴（李广霞/画）

（3）

虽然用牛顿的万有引力定律可以解释出现在开普勒第一定律中的椭

圆轨道,但仔细地研究这个椭圆的来历,有一些需要推敲的地方。在经典的力学里,有一个贝特朗(Bertrand)定理说,只有当中心势是库仑势或者谐振子势的时候,轨道才是封闭的。这个定理是重要的,因为它否认了其他势场里存在封闭轨道的可能性,哪怕是对库仑势的微小偏离。所以,当爱因斯坦的广义相对论对万有引力的库仑势做修正的时候,在理论上,这个完美的椭圆崩溃了。

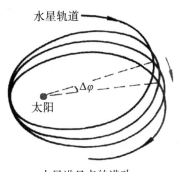

水星进日点的进动

水星的公转轨道不是一个封闭的椭圆

离太阳最近的行星是水星,那儿的万有引力场强最大,广义相对论的修正最明显。在爱因斯坦发表广义相对论之前,天文学家已经观测到水星近日点存在进动,也就是说,人们开始注意水星的公转轨道不是一个封闭的椭圆,但当时没有人可以解释这到底是为什么。

既然轨道不是椭圆,我们就知道,水星与太阳之间的万有引力势场不是严格的平方反比势。这似乎应该意味着一点曙光,相对论虽然比较难以理解,但在这个椭圆封闭性问题上,结论是很清楚的。原来,牛顿的万有引力定律那样美的一个定律,在引力比较强的时候也是不对的。

(4)

牛顿站在开普勒的肩膀上,发现万有引力定律的故事大家已经很熟悉了。那就是牛顿在苹果树下看到苹果落地得到启发的故事。

这个故事其实起源于一个叫伏尔泰的法国大作家，他也曾经研究了一下牛顿的事迹，现在关于牛顿和苹果落地的这些故事，多数也是出自他的手笔。现在在剑桥和牛顿的乡下老家，还是有两棵备受政府保护的苹果树。

但是，牛顿的万有引力定律其实是不对的，因为这是在平坦背景空间上的瞬时超距作用。也就是说，假如现在太阳突然消失了，那么地球马上就会因为惯性摔出去——这是离心现象。

万有引力是一种瞬间的相互作用——你在椅子上挪一下屁股，遥远的织女星都能瞬间感受到你挪了屁股，你说这奇怪不奇怪。

而且，牛顿第一定律定义的惯性参考系是一种逻辑的循环，而一旦惯性系说不清楚，牛顿第二定律也就说不清楚——因为牛顿第二定律只在惯性系里才能成立。而牛顿的这两个基础性定律如果说不清楚，那么他的万有引力定律的基础就出了问题。

实际上按照爱因斯坦的线性引力近似，得到的引力波具有光速。这说明，引力的传播和电磁波一样，其实是需要时间的。这个是当时的牛顿没能解决的问题，最后由爱因斯坦来解决。

在这里，我们几乎可以挥别牛顿了。

1727 年牛顿逝世，伏尔泰参加了这位思想巨擘的葬礼。为牛顿抬棺材的是两位公爵、三位伯爵以及大法官。伏尔泰是这样描述的："他是像一位深受臣民爱戴的国王一样被安葬的。在他之前，没有哪一位科学家享受如此殊荣。在他之后，如此厚葬的也将屈指可数。"牛顿去世后不久，诗人蒲柏总结了世人对牛顿的评价："自然与自然法则在黑暗中隐藏，上帝说，让牛顿去吧！于是一切大放光明。"

第三章　伽利略:自由落体与等效原理

（1）

前面已经说过,牛顿是站在两个巨人的肩膀之上,一个是开普勒,另外一个是伽利略。

现在我们来说说伽利略吧。

其实,我看过的关于一些对伽利略的解读,感觉讲得最好的是《罗辑思维》的罗振宇讲的伽利略的人生故事。罗振宇在视频中讲道:伽利略与红衣主教有很良好的私人关系,后来这个红衣主教当上了教皇,他为了政治正确的需要把伽利略囚禁,但实际上却不是迫害。因此传统教科书上认为伽利略被软禁是宗教对科学的迫害,这

伽利略

可能是值得商榷的事情。当然,《罗辑思维》的视频毕竟偏文科,并没有介绍伽利略主要的科学思想与贡献。

伽利略(1564—1642),出生于意大利的比萨,他从小就喜欢思考,他在17岁时进入比萨大学念医学。在他的学生时期,他看到吊在教堂圆形天花板的灯的摆动——由此发现了钟摆周期只与摆线的长度有关,而与摆角和摆锤的质量无关(当摆角α小于5°时,$\alpha=\sin\alpha$,这个结论才成立,不过这个结果伽利略是用肉眼看出来的,所以存在误差也是可以理解的),这真是一个出人意料的发现,简直可以作为上帝存在的明证。

看吊灯或者钟摆做物理是一个很好的学术传统,江山代有人才出,比如为了证明地球在自转,后来的法国物理学家傅科(1819—1868)于1851年做了一次成功的摆动实验,傅科摆由此得名——它证明了地球正在自转。

单说伽利略,他大致上发现了大学物理教材上到处都在说的"简谐振动",描述简谐振动的方程是一个二阶常微分方程,它的解就是我们上高中的时候学过的最简单的三角函数——正弦函数或者余弦函数。

伽利略是牛顿之前那个"黑暗时代"的先知,他聪颖过人,心比天高,这些可以从他的两个思想实验里看出来。

这些思想使得牛顿认为自己是站在巨人伽利略的肩膀之上。当然,还有一种说法是这样的——牛顿说自己是站在巨人的肩膀上,其本来的意思之一是讽刺胡克身材太矮小,因为胡克与牛顿都是英国人,他们又都是搞力学的同行,难免存在同行相轻的情况。胡克现在还留在中学物理教科书里,以他命名的定理描述的是在弹性限度内,弹簧的伸长与拉力成正比。胡克定理的动力学版本其实就是伽利略发现的简谐振动。(因为力与位移的关系存在一个二阶导数的联系)

回头来说伽利略的两个思想实验,伽利略的第一个思想实验是用来说明自由落体运动的。虽然据说他后来也在比萨斜塔亲自做了这个实验,但他的思想实验,却似乎更加可信,甚至不能辩驳。他说:"不考虑空气阻力,轻的东西将和重的东西同时下落,它们将同时落地。因为假如亚里士多德是对的,重的东西先落地,而轻的东西后落地,那么,倘使我在它们之间连一根无质量的刚性细绳,可以想见,总质量必然大于它们两个的单独质量。于是,按照亚里士多德的说法,这个整体将落得更快,但另一方面,轻的东西一定会拖重的那个的后腿。于是这就自相矛盾了。可见,亚里士多德是错误的,轻的东西和重的一样,必然需要时刻有相同的速度,它们同时落地。"

这个思想实验,使得人们认识了自由落体运动的思想精髓——这个思想精髓后来被爱因斯坦概括为等效原理:引力质量与惯性质量是相等的。

这句话可能对一般的读者来说不是很好理解,但如果对比电荷就可以看清楚。在电场中受力的电荷,其力的大小与电荷的大小有关,而其加速度的大小与其惯性质量有关。现在在引力场中,我们发现,"引力荷"其实等于惯性质量——科学家因为在早期没有很明确的物理概念,把"引力荷"取了另外一个名字,叫做"引力质量"。

所以,等效原理的基本原理是:引力荷等于惯性质量。

(2)

等效原理其实很容易启发我们发现引力是一种几何效应。

在教室里斜抛一个粉笔头,它总是画出优美的弧线。假如没有空气阻力,其轨迹是一条抛物线。其运动可以被简单分解,在竖直方向上,它是带初速的自由落体运动,在水平方向是匀速直线运动。

一个最简单的计算可以表明,以相同的初始条件斜抛出不同质量的粉笔头,其运动轨迹是抛物线,这些抛物线全部是可以重合起来的,因为它们一模一样。

我们把质量不同的物体以相同的初速度斜抛出去,我们会发现这两个物体走出的两条抛物线是可以重合的,不同的质量相同的轨迹,本身就说明了引力质量与惯性质量是相等的,在整个运动方程中,质量项被约掉,在引力场中的整个运动过程变成了一种几何效应。也正因为这样，爱因斯坦才说万有引力其实是一种几何学。

当然，爱因斯坦是从另外一个角度来阐释这个等效原理的。

1907年，有人请爱因斯坦写一篇介绍狭义相对论的综述文章，这使得爱因斯坦重新全面地审视了一下自己的狭义相对论理论和周围的世界。狭义相对论是在1905年建立的，当时的爱因斯坦在瑞士伯尔尼专利局工作。他回忆说："我正坐在伯尔尼专利局的桌旁，突然出现了一个想法，如果一个人自由下落，他将感受不到自己的重量。"

这是爱因斯坦对等效原理的原始表述。

（3）

爱因斯坦提到等效原理的时候，他是以自由下落的电梯来做说明的。这个自由下落的电梯其实本质上就是伽利略的比萨斜塔的实验。

当然，从物理角度上说，爱因斯坦的自由下落的电梯是一个理想的惯性系，但它是局部的，也就是说它在数学上只能是一个点，电梯没有大小，在电梯里，引力消失了。（假如电梯有大小，这个时候引力场引起的测地偏离还是可以在电梯里看出来的，引力与惯性力还是有差别的）

第四章 牛顿的惯性系与马赫原理

（1）

前面已经分别讲了爱因斯坦,以及牛顿脚下的两个巨人。

那么,现在我们来看看牛顿本人的业绩。

牛顿最大的学术成就当然是牛顿的力学定律。其中所谓牛顿第一定律,说的是一个物体在不受力的时候,总保持静止或者匀速直线运动状态。这个定律又被称为惯性定律。但这个定律会留给后人一个问题,什么是惯性? 进而什么叫惯性系? 这样的问题实在是太难了。

为了回答这个问题,牛顿自己做了一个水桶实验,来证明绝对静止的惯性参考系的存在。

牛顿是这样叙述的:"如果用长绳吊一水桶,让它旋转至绳扭紧,然后将水注入,水与桶都暂处于静止之中。再以另一力突然使桶沿反方向旋转,当绳子完全放松时,桶的运动还会维持一段时间,水的表面起初是平的,和桶刚开始旋转时一样。但是后来,当桶逐渐把运动传递给水,使水也开始旋转。于是可以看到水渐渐地脱离其中心而沿桶壁上升形成凹状。运动越快,水升得越高。直到最后,水与桶的转速一致,水面即呈相对静止。"

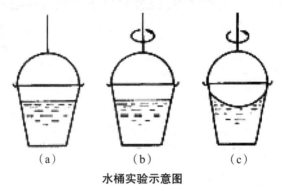

(a)　　　　　(b)　　　　　(c)

水桶实验示意图

（2）

牛顿用这个水桶实验定义了一个遍布全宇宙的宏大的惯性参考系(也就是一个绝对静止的空间,简称为绝对空间)。牛顿水桶里的水面为什么会弯曲,在牛顿看来,这是因为水桶相当于惯性参考系(绝对空间)在旋转。

当然,并不是所有人都同意牛顿的观点。

这里出场的一个主要的反对派人物就是奥地利物理学家马赫。

马赫(1838—1916)是航空航天时代刚来临的时候诞生的一个学者。在他的同时代,普朗特开始刻画流体力学中的边界层,莱特兄弟正准备试飞他们的固定翼飞机。马赫定义了飞机的运动速度与音速的比值,这就是空气动力学中最著名的马赫数。马赫数是速度与音速之比值,而音速在不同高度、温度等状态下又有不同数值,因为马赫数不但与物体本身的运动速度有关,也与当地的音速有关。那么,如果做一个类比,时间流逝的快慢与物体本身运动的速度有关,也与物体在当时当地的引力场的强度有关——当然这一点都是爱因斯坦花了10年时间才全部领悟出来的真理,而1916年爱因斯坦完全写出这一点的时候,马赫也去世了。

回头来说马赫对牛顿"水桶实验"的评价。马赫在1883年出版的《力学史评》一书中写道："牛顿的旋转水桶实验只是告诉我们，水对于桶壁的相对旋转不引起显著的离心力，而这离心力是由水对地球及其他天体质量的相对转动所产生的。如果桶壁愈来愈厚、愈来愈重，直到厚达几英里时，那就没有人能说这实验会得出什么样的结果。"

在马赫看来，根本不存在绝对静止的惯性参考系，物体的惯性是宇宙中所有天体对这个物体引力作用的结果。这就是马赫原理。

（3）

爱因斯坦则完全综合了牛顿与马赫的思想。

牛顿认为，一个旋转水桶里面的水面是弯曲的。为什么弯曲？牛顿说因为旋转起来的水桶是一个非惯性参考系，所以水面必须是弯曲的——这个理论看起来好像是对的，但却是没有意义的理论，为什么？因为你怎么知道旋转起来的水桶是非惯性参考系？那水桶相对于自己并没有旋转啊！在水桶参考系看来，自己并没有旋转，水桶是静止的。

因此，牛顿的这个观点显然是自欺欺人的，说服力不强。

牛顿认为，旋转里的水面弯曲，是因为受到了惯性力的作用——惯性力是一种虚拟力，并不是真实存在的。

马赫的观点与牛顿不同，马赫认为，旋转水桶里的水面之所以会弯曲，是因为来自远方星体对水面的引力拖曳。也就是说，当水桶旋转起来的时候，远方的星星对水面有引力的作用，这个作用会引起水面的凹陷。在这里，引力是真实的，并不是像牛顿说的那种虚拟的惯性力。

爱因斯坦对牛顿的观点与马赫的观点都很熟悉，他像是一个和事佬。爱因斯坦说："好吧，其实牛顿也是对的，马赫也是对的。其实，惯性力与引力在本质上等价的，两者根本就不可区分。"

　　所以,爱因斯坦在这个惯性系的事情上又得到了广义相对论的基本思想:不存在整体的惯性系,所谓的惯性力本质上与引力是一样的。这其实也就是等效原理。

第五章 光速的测量

（1）

与相对论有关的一个重要问题是光速的测量。最直接的测量方法是利用小学生都明白的方法，那就是：速度等于距离除以时间。比如在泰山山顶放一个激光器发射激光，然后在嵩山的山顶接收激光，通过发光与收光的时间差，以及泰山与嵩山的距离，就可以得到光速的近似值（因为实验总有误差）。不过，对于还不太懂相对论的读者来说，需要在这里强调两点：

第一，这样测量出来的光速不是局部的光速（所谓局部就是在单一时空点附近），而是长距离上的平均光速。局部光速与长距离上的平均光速在空间是静态的情况下是相等的——只要泰山与嵩山之间的空间距离没有变化，两地之间的钟表可以同步，那么这样测出的光速虽然是平均光速，但可以作为局部光速来使用了（在宇宙中，空间在膨胀，所以用同样的方法测量出来的光速是不准的）。

第二，这个方法其实需要有很准的原子钟，需要把泰山与嵩山的钟校准了（而且还要确保这两地的钟必须走得一样快，不过我们怎么确保？这涉及广义相对论引力场强度对钟速的影响），否则这事情就做不了了（当然，其实泰山与嵩山的引力场强度不同，钟走得不一样快）。不过，模糊地说,这两地的时间误差是很小的,钟是可以同步的。

有了以上两个条件,我们就可以测量出两地之间的平均光速了(当然,实际上我们还要扣除地球自转的影响)。

上面所介绍的方法好像异地恋,总有很多瑕疵,那么有没有在当地就能完成的测量光速的方法呢?

(2)

如果不用上面介绍的原始办法,那么另外一种测量光速的办法来自法国的物理学家傅科——我们曾经在前面的章节讲到他用傅科摆来测定地球的自转。

傅科用一个旋转的八角棱镜来测量光速,这是人们第一次把旋转的角速度与光速测量联系起来。实验过程体现在下图中,如果人的眼睛在 T 那个地方,可以看到对面的 S 点,则说明八角镜的旋转速度正好可以与光的传播速度匹配上,那么根据旋转的角速度与光路的长度就可以算出光的速度。

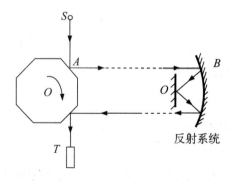

S 点发出的光,只有当八角镜的旋转角速度
满足特定的关系时,在 T 处才可以看到 S 点

八角镜测光速

在傅科那个年代，旋转的八角镜是一种科学仪器，但后来传到了清朝，被改造成了一种玩具，叫做"走马灯"，当走马灯里面的八棱柱反射镜旋转起来的时候，你会看见好像是马在奔跑。（没有见过这个东西的读者可以自己想象一下，如果把一个八角镜旋转起来——注意这个八角镜是棱柱形的，有8个面，每个面都是平面反射镜，旋转起来的时候，产生的反射光可以让本来画在边上的静止的马看上去好像是在跑动——这个东西现

八角旋转镜做的走马灯

在不太流行了，相反在LED行业，我们所谓的跑马灯只是让一排LED灯依次闪亮。）

当然了，八角镜测量光速的方法本质上利用的是机械的旋转运动，所以测量出来的光速的精度不够高。

后来美国的海军军官迈克尔逊发明了高精度的迈克尔逊干涉仪——这是一种让两束光走不同的距离，然后再重逢的办法来做的光学仪器，这种"分道扬镳然后殊途同归"的办法可以测量出更高精度的光的速度。

因为测量精度的提高，迈克尔逊开始意识到另外一个可能影响到实验结果的问题，这个问题就是：地球是在公转的。换句话说，地球也是运动的，那么这个运动会不会影响光的速度。这就好像坐火车的时候，如果在火车上朝火车前进方向开一枪，那么子弹的飞行速度是火车的速度，再加上子弹本身的速度。

于是，迈克尔逊开始用干涉仪去测量地球的运动速度对光速的影响，但这却意外地导致爱因斯坦发现了狭义相对论。因为迈克尔逊测量到的结

果是惊人的:地球的运动居然对光的运动速度没有丝毫影响。

迈克尔逊认为若地球绕太阳公转的时候,在地球运动方向和垂直地球运动方向上,光通过相等距离所需时间不同,因此在仪器转动90°时,前后两次所产生的光干涉时,应该会产生0.04条条纹移动。

迈克尔逊用最初建造的干涉仪进行实验,这台仪器的光学部分用蜡封在平台上,调节很不方便,

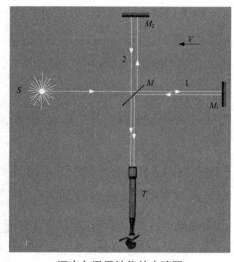

迈克尔逊干涉仪的光路图

测量一个数据往往要好几个小时。实验得出了否定结果,测量不出条纹移动。

1884年他回到了美国,在访美的物理学家瑞利、开尔文等的鼓励下,他和化学家莫雷(Edward Williams Morley,1838—1923)合作,提高干涉仪的灵敏度,但得到的结果仍然是否定的——依然没有测量到条纹移动。

1887年他们继续改进仪器,光路增加到11米,花了整整5天时间,结果仍然是否定的——还是没有测量到条纹移动。这说明光的速度与地球本身的运动没有"一毛钱"的关系。所以他自己也搞不清楚是不是地球的运动不会影响光速,还是自己的实验精度有问题,虽然他对自己的实验精度还是很自信。如果光速相对于地球的运动是不变的,就相当于说你在飞驰的火车上朝前与朝后开枪,子弹的速度都一样,这感觉有点匪夷所思。

第六章　闵可夫斯基：把勾股定理推广到时空中

（1）

平面几何最杰出的定理之一来自毕达哥拉斯。毕达哥拉斯（Pythagoras，约前580—约前500），是古希腊的哲学家、数学家、天文学家。他早年曾游历埃及、巴比伦等地，为了摆脱暴政，他移居到意大利半岛南部的克罗托内，在那里组织了一个集政治、宗教、数学合一的秘密团体。这个团体后来在政治斗争中被打散，他逃到塔兰托，后来被杀害了。但他的学派却保留了下来，这让人想起爱因斯坦在拒绝当以色列总统的时候说的一句话："政治只为一时，而方程可以久远。"

毕达哥拉斯本人以发现勾股定理（西方称毕达哥拉斯定理）著称于世。这个定理早已为巴比伦人和中国人所知，不过最早的证明大概要归功于毕达哥拉斯学派。

毕达哥拉斯定理在中国，被称为勾股定理。西周时代，周公与大夫商高讨论，商高说："勾三，股四，弦五。"这句话不能算是一个定理，只算是一个特例。这记载于一本朝代和来历都很模糊的书：《周髀算经》。

　　毕达哥拉斯定理说，一个直角三角形的两条直角边的长度的平方和等于斜边的长度的平方。这个定理的证明方法很多，华罗庚年轻时也考虑过不少的证明方案。最流行的证明方案，恐怕是通过在一个边长为 $a+b$ 的正方形内内接一个边长为 c 的正方形来作，利用面积相等，得到 a 的平方加上 b 的平方等于 c 的平方。

　　欧几里得几何的精华正是勾股定理。他的平面几何暗中假定矢量在平行移动和转动下保持不变。在平面上两点之间的距离是直线段。但一般引力场（弯曲空间）没有这样高对称性，所以在弯曲空间中根本就不存在矢量的平行移动不变性。这就是广义相对论与平面几何的不同之处。

　　勾股定理出现后，中国数学家似乎开始沉沦，隋朝以来建立的科举考试制度也从来没有想到要测试一下数学能力。

（2）

　　毕达哥拉斯定理用到计算空间点之间的绝对距离。空间的两个点之间的绝对距离不依赖于坐标系的变化，你可以在直角坐标系里计算这两点之间的距离，也可以在极坐标系里来计算，结果全是一样的。这一点很重要，正如一个人的思想品德，不依赖于他所穿的衣服。在弯曲空间里也是一样的，陈省身教授有一个比喻，大概意思是，微分流形就是裸体的原始人，而黎曼流形是穿衣服的现代人。衣服相当于坐标系，是可以更换的。但在坐标系变换下，绝对距离是一个不变量。

　　那么时空作为一个弯曲空间，如何定义两点之间的距离呢？这个其实是相对论的数学基础。

　　为了回答这个问题，最简单的情景是先处理平坦的时空。但历史的发展不是一蹴而就的，把时间维度和空间维度放在平等的地位上来看物理，这需要很长的时间。

而解决这个问题的人,是爱因斯坦的大学数学老师闵可夫斯基。

闵可夫斯基(Hermann Minkowski,1864—1909)出生于俄国的亚力克索塔斯(Alexotas,现在是立陶宛的考纳斯)。一看他的名字,一般人都能猜出他是俄国人——因为带有什么什么斯基。

闵可夫斯基要干的事情,是在时空中引进绝对的距离。这一点是惊人的,1908年当他抛出这个绝对的时空距离概念的时候,连爱因斯坦也有点不太能够理解。

闵可夫斯基年轻的时候,他父亲是一个成功的犹太商人,但是当时的俄国政府迫害犹太人,所以当闵可夫斯基8岁时,父亲就带全家搬到普鲁士的哥尼斯堡定居,普鲁士就是现在的德国。当时,闵可夫斯基的家与后来也成为数学家的希尔伯特的家仅一河之隔,所以这一次搬家带给他和希尔伯特终身的友谊。年轻的时候,希尔伯特觉得闵可夫斯基远比自己聪明十倍,有点沮丧。

1909年1月10日,闵可夫斯基在正达创作力高峰时,突患急性阑尾炎,抢救无效,于1月12日去世,年仅45岁——急性阑尾炎在现在只需要动一个小小的外科手术就可以治愈。后来,希尔伯特替他整理遗作,1911年出版《闵可夫斯基全集》。

（3）

1900年闵可夫斯基在苏黎世联邦理工学院(ETH)做大学老师。他教数学,学生人来人往,多数学生已经在历史里湮没,但有一个学生会被历史铭记,他就是爱因斯坦。

爱因斯坦看起来似乎对功课漠不关心,闵可夫斯基对此表示失望,说爱因斯坦是一只懒狗。

1902年闵可夫斯基离开苏黎世联邦理工学院,来到德国的哥廷根大学担任数学教授,当时是克莱因(Klein)邀请他去的。哥廷根大学领导世界数学潮流,当时有希尔伯特、克莱因那样的巨人在那里。前面已经说过,1854年,黎曼就是为了在哥廷根大学得到一个讲师席位,发表了他那划时代的演讲。1905年,爱因斯坦得到狭义相对论的基本思想:把时间与空间放在同等重要的位置上。但爱因斯坦的数学还比较差,没有用数学把他的基本思想表述出来。

过了两年,作为爱因斯坦的数学老师,闵可夫斯基用数学的方法把时间和空间等同起来,构成了一个整体,这个整体就是时空。

1907年,闵可夫斯基猜想可以用非欧空间的想法来理解爱因斯坦的工作,他认为过去一直被认定是独立的时间和空间的概念可以被结合在一个四维的时空,这是第一次把时间和空间联系在一起组合成为一个整体的流形,其上面的度量(就是衡量两点之间曲线长度的那把尺)写为:$ds^2=-dt^2+dx^2+dy^2+dz^2$。

这种看起来像勾股定理的数学结构后来被称为闵可夫斯基时空。根据这个度量,相对论的精髓思想可用简单的数学方式表达。这些工作为狭义相对论提供了骨架。提出量子力学波函数的概率解释的诺贝尔物理学奖得主波恩(Max Born)说,他在闵可夫斯基的数学工作中找到了"相对论的整个武器库"。

狭义相对论最重要的思想正是把单独的时间和空间给埋葬掉了,闵可夫斯基的贡献是为这个物理理论提供了数学描述。实际上闵可夫斯基的一生,在数论上的贡献大于在物理学上的贡献,这个度量只不过是他随手写出来的。

(4)

闵可夫斯基说:"我要摆在你们面前的空间和时间的观点,已经在实验物理学的土壤里萌芽了……从今往后，空间和时间本身都将要注定在黑暗中消失，只有两者的一种结合才能够保持一个独立的实体。"

假定两个事件之间的时空间隔是一个不变量，那么时间必然与空间联系在一起，构成一个整体去描述那个不变量。这是爱因斯坦1905年发现狭义相对论的全部秘密，在这个意义上，狭义相对论非常简单。当时爱因斯坦看到自己的老师闵可夫斯基的数学描述时，一开始也不是特别在意，觉得那只是雕虫小技而已。爱因斯坦笑话说："闵可夫斯基用那么数学那样复杂的语言来描述狭义相对论，物理学家简直弄不清楚了。"

一直要等到4年后，1912年，爱因斯坦为了把狭义相对论与万有引力定律统一起来，才认识到自己不应该笑话闵可夫斯基。因为要把万有引力与狭义相对论结合起来，采用优雅的闵可夫斯基的观点是最可取的。

（5）

狭义相对论是建立在完全平直时空之上的理论，这样的时空是爱因斯坦方程的一个解，后来被称为闵可夫斯基时空。时空上面的度量就是我们前面写到的闵可夫斯基度量，保持度量不变的群是庞加莱群。这个群是十维的李群。但闵可夫斯基时空里没有物质，引力场退化，在经典广义相对论看来，这是一个虚空，没有什么有趣的东西。

闵可夫斯基时空是平坦的，看上去平淡无奇。但又过了70多年，英国数学家唐纳森等人在1983年发现，四维的欧几里得空间有无穷多微分结构——四维的欧几里得空间与闵可夫斯基时空流形具有不同的度量号差，无法建立整体的微分同胚，但可以局部微分同胚。这个发现利用的是量子场论，结论是惊人的，因为其他的R^n（n不等于4）的流形上都只有唯一的微分结构。

由此可见，四维闵可夫斯基时空非常特殊，而人类生活在其中，不能不说也许大有深意。

在爱因斯坦和闵可夫斯基那个时代,人们的认识还没有到这样深的程度。

对于看起来平坦无奇的四维闵可夫斯基时空,后来的相对论学家昂鲁(Unruh)也用量子场论中的波格留波夫变换等技术发现,在闵可夫斯基时空上的加速观察者,将观测到自己处在热浴之中。也就是说,这个加速观察者看不到整个闵可夫斯基时空,而是存在一个这个观察者看不到的区域,因此对这个观察者而言,闵可夫斯基时空就有一个视界,这个视界像一个黑洞视界一样,正在热辐射。波戈留波夫变换是两套产生湮灭算子之间的线性变换,在弯曲时空量子场论中,这个变换可以产生的效果是把纯态变成混合态,把纯态变成混合态被认为是引力的作用效果。闵可夫斯基时空显示出奇怪的另一面,这些事情的发生,引导人们反躬自问起来。对于看上去貌不惊人的闵可夫斯基时空,人们到底了解多少?人们一直以为闵可夫斯基时空是真空,但事实上它似乎像一个貌似平静,但波谲云诡的大海——这背后的原因是因为量子涨落在微观尺度上总是存在的。

第七章　从法拉第到麦克斯韦

（1）

牛顿的万有引力是不需要媒质而瞬时作用的力，虽然牛顿也说，想象引力能在真空中瞬时地和超距地发生作用是荒谬的。

19世纪，同样的超距作用问题重新出现在电磁学的库仑定律里——两个电荷在真空中通过瞬时力相互吸引或排斥。

后来出现了一个名叫法拉第的人，解决了这个问题。

法拉第出身贫苦，他父亲是打铁的。像他这样的情况，要想做出好的工作，需要比别人加倍地努力。他13岁就开始在订书的店里搞装订做学徒。当时是英国的维多利亚时代，流行教育讲座，每次听讲座要收费1先令，但法拉第没有——这就是穷人的悲惨命运，连学习的机会都没有。

后来在新落成的皇家研究院有了院长戴维主讲的免费讲座。21岁的法拉第去听了几次讲座，他在内心里运筹帷幄，想要拜见戴维。

功夫不负有心人，后来法拉第成功地成为戴维的助手。1813年他还参加了环欧的科学旅行——可见这次抱大腿抱得非常成功，法拉第成功逆袭。他见到了许多著名的科学家，像安培、伏特和盖·吕萨克等，其中几位学者立即发现了这位年轻人的才华。

法拉第终于出人头地,但有时还是不免被老板戴维的老婆叫去干一些贴身男仆才干的事情,而且法拉第还是和仆人们一桌吃饭。

法拉第是一个英雄人物,能屈能伸。他相信磁场能产生电流,于是做了许多实验。小学写过作文的人全知道法拉第有一本传说中的日记,那里每一天记着同样的几个字:"今天依然没有成功。"

日复一日,十年过去了。

直到 1831 年,他失手把磁铁掉进了线圈之中,电流计在电光火石间动了一下。磁场产生了电流,他终于成功了!这说明锲而不舍是多么重要。

法拉第是这个黑暗长夜时代的光明。我们可以套用台湾歌手组合 S.H.E 的歌《Super star》来歌颂他:"你是电,你是光,你是唯一的神话……"

(2)

牛顿不得不认为存在瞬时超距作用,他自己也为这个念头苦恼。法拉第在他的研究过程中,提出了场的观念,场也就是传递力的"力线",这样就解决了牛顿的瞬间超距作用问题,因为场虽然肉眼看不见,但它确实存在。对于磁场来说,显然可以用小铁屑来演示它的存在性。对于引力场来说,道理也是一样的。

能量存在的方式之一就是场,物体之间没有相互接触也可以通过场发生相互作用。这就是经典的场。如果把这个经典场量子化,得到的就是传递相互作用的媒介子,它们是自旋为整数的玻色子。1930 年日本科学家汤川秀树提出了介子,用来传递中子和质子之间的相互作用。(我第一次读这样的科普文章,看见书上画了两个小孩,他们把一个小球抛过来抛过去,这个小球,就是传递相互作用的介子。)

法拉第的电磁感应实验与他提出的场的观念,基本上奠定了电磁学理论的基础。

电磁学理论的集大成者麦克斯韦应运而生了。年轻的麦克斯韦选择了一个风和日丽的日子去拜访法拉第，后者已经是一位 68 岁的老头，法拉第说："你是唯一真正理解我的人，但你不应该停留于用数学来解释我的观点，你应该突破它。"麦克斯韦听从了这个意见。

<h1 style="text-align:center">（3）</h1>

1831 年麦克斯韦出生在英国爱丁堡。1831 年是一个非凡的年份，因为这一年，法拉第发现了电磁感应。

麦克斯韦不善言辞，他 16 岁的时候上爱丁堡大学，有的同学说他爸爸是土财主，麦克斯韦是一个土包子。3 年后，19 岁的他到剑桥三一学院学习物理学，为了一窥"上帝之书"。再后来麦克斯韦就留在剑桥教书，据说他经常在月下的玫瑰花圃对着花刺不住地演讲，

麦克斯韦

从而达到给学生上课时候口齿清楚的程度。他下的苦功仅次于古希腊某位著名的结巴演讲家，后者每天清晨把石子放舌头底下练口才。

电磁理论的经典程度让人吃惊，包含库仑、奥斯特、法拉第、毕奥、萨伐尔、安培这些人发现的定律。其中丹麦物理学家奥斯特在上一堂电流实验课时，一根磁针碰巧正放在他的装置近旁。他注意到，每当接通电流时，磁针就发生偏转。这个发现公布之后才几个星期，安培提出了一个理论，解释说可能是变化的电力产生感应磁力。安培是一个很用功的物理学家，有

次，人们在大街上看见他拿着粉笔跟着马车在跑，粉笔在车厢上画着，似乎是在算什么数学物理——他把马车的车厢后背当成黑板了！

24 岁的麦克斯韦发表了关于磁力线的第一篇文章，题目是《法拉第的力线》，那里已经有一些清楚的数学表达。麦克斯韦比起法拉第来，数学见长——他希望自己能用数学来描述法拉第的场。当然这里面需要一些偏微分算子，还需要一些数学定理，比如斯托克斯定理，这些数学工具也是刚发展出来的新工具。所以，物理的发展离不开数学的发展，这是一个明证。

1862 年，麦克斯韦发表了第二篇论文《物理力线》，进一步发展了法拉第的思想，得到了新的结果：电场变化产生磁场。由此预言了电磁波的存在，并证明了这种波的速度等于光速，揭示了光的电磁本质。

1864 年，他的第三篇论文《电磁场的动力学理论》，从几个基本实验事实出发，运用场论的观点，以演绎法建立了系统的电磁理论。

1873 年，他出版了《电学和磁学论》，全面地总结了 19 世纪中叶以前对电磁现象的研究成果，建立了完整的电磁理论体系。这个理论体系是一幢在经典的土壤上建成的大厦。这个大厦的建成，召唤着相对论的诞生。

麦克斯韦把那些定律统一起来，现在的大学物理教材上一般写成 4 个偏微分方程构成的一个方程组。这样的统一具备非凡的美感，可能更加重要的一点是，麦克斯韦的方程组预言：光也是电磁波。牛顿时代以来，对于光是什么，讨论甚嚣尘上，但没有很好的答案，麦克斯韦用他的数学，基本回答了这个问题。

光存在于这个世界，真的是太重要了。"上帝说要有光，于是有了光。"在相对论中，光可以被看成是类光矢量，或者零矢量。这样的零矢量本身不是零，它能够存在，在于相对论在时空流形上配置了一个洛伦兹号差的度量。什么叫洛伦兹号差 $(-,+,+,+)$ 呢？我们知道，在三维空间可以用勾股定理，两个空间点之间的距离是三项平方和。在一个四维时空，两个时空点之间的时空距离是空间的三项平方和，然后减去时间的平方。

那么，麦克斯韦的电磁方程组，到底是什么样子的呢？本书按照现代

的微分几何来通俗演义相对论,在平坦时空上的麦克斯韦真空方程组可以写为:

$$\begin{cases} \mathrm{d}F=0 \\ \mathrm{d}*F=0 \end{cases}$$

这是本书里出现的第一个方程组。作为一本正经的科普读物,这样的数学公式很可能引起阅读量比预期减半,读者纷纷逃逸。但这个方程实在是太美了,美到极致是疯狂,著者也就不管了(非专业读者可以跳过公式,一笑而过,如果觉得方程莫名其妙,那就随便翻一本微分几何的书,从微分形式开始学起)。为什么这里的麦克斯维方程是这样写的?

第一个方程其实就是 U(1)纤维丛上的毕安基恒等式,一个无挠的联络使得它恒成立,在这里,F相当于曲率二形式场。这个方程对应原始的麦克斯韦方程组里的两个,其中一个说明,磁场的散度为 0。

第二个方程里面的星号表示的是霍奇(Hodge)对偶。

第八章　狭义相对论

（1）

牛顿力学和麦克斯韦电磁学建成以后，大家以为物理学的大厦已经建成了，而时间也来到了 1900 年……

1900 年的数学界与物理学界有以下两件大事。

首先说说数学界，希尔伯特（著名数学家，对相对论也有贡献）在巴黎数学家大会上提出了著名的 23 个世纪难题，其中包括后来我国数学家很熟悉的哥德巴赫猜想，但不包括庞加莱猜想。

庞加莱猜想出现于 1904 年，这个猜想说，假如某个单连通的三维流形具有与三维球面一样的同伦群，那么这个三维流形只能是三维球面。

三维球面是二维球面的推广。一个篮球的表面就是一个二维球面。从一点出发，在篮球表面可以画很多不相交的封闭曲线。把这些封闭曲线集中起来，组成一个集合，这个集合大致上就是篮球表面的同伦群。数学家研究篮球的封闭曲线，这些封闭曲线带给数学家非凡的快感。这些数学家被称为拓扑学家，他们和卡车司机的区别是拓扑学家找不到汽车内胎和面包圈的任何区别。

庞加莱虽然是一个数学家，但他对物理学也有兴趣，在 1905 年之前，他差不多和爱因斯坦同时发现了狭义相对论——只不过爱因斯坦的狭义相对论抛弃了一个绝对静止的惯性参考系，在物理上是正确的。而庞加莱是一个数学家，对物理不是很清晰，他只给出了惯性参考系之间的坐标变换群，这被称为庞加莱群，也就是平坦时空上的等度量群。

在英国皇家学会的新年庆祝会上，著名物理学家开尔文勋爵做了展望新世纪的发言。回顾过去峥嵘岁月，他充满自信地说："物理学的大厦已经建成，未来的物理学家只需要做些修修补补的工作就行了。只是明朗的天空中还有两朵乌云，一朵与经典统计物理学里的能量均分定理有关（其实这一朵乌云是指黑体辐射曲线到底满足什么方程），另一朵乌云与迈克尔逊—莫雷实验有关。"

迈克尔逊—莫雷实验在本书前面的章节我们已经说过了，这个实验说明一个绝对静止的惯性参考系是不存在的——当时这个绝对静止的惯性参考系被称为"以太"。

现在看来，那时候是世纪之初，有一种新时代的浮躁。

（2）

在爱因斯坦之前，物理学家洛伦兹和数学家庞加莱都已经在狭义相对论的方向上做了大量的工作。用现代语言来讲，平坦闵氏时空的保度量变换群就是庞加莱变换群，而洛伦兹变换群是庞加莱变换群的一个子群（相当于不考虑那些时间与空间平移），洛伦兹变换群由4个互不连通的区域组成，这4个区域中包含恒等变换的那一片叫做固有洛伦兹群——其二重覆盖群就是 $SL(2,C)$ 群，即旋量变换群。旋量就是在这个意义上与时空几何的关系情同手足，先暂且不提。

到了1905年，爱因斯坦用物理的语言提出了狭义相对论，但庞加莱似乎完全接受不了爱因斯坦的狭义相对论，虽然两个人的结果几乎是一样的。所以庞加莱虽然一辈子有不少关于相对论的演讲，但是他从来就不曾提起过爱因斯坦与相对论这两个词。在骨子里，庞加莱可能看不起爱因斯坦这个年轻的大学生。

爱因斯坦提出狭义相对论以后，他的母校苏黎世联邦理工学院想要聘请爱因斯坦当教授，庞加莱写了一封信，夸奖了爱因斯坦一番，但最后一段比较微妙："我不认为他的预言都能被将来验证，他从事的方向那么多，因此我们应该会想到，他的某些研究会走向死胡同。但在同时，我们有希望认为他走的某一个方向会获得成功，而某一个成功，就足够了。"

不过这些都可能是讹传，无论怎么样，庞加莱是一个非常伟大的数学家。他的贡献可以彪炳千古，与广义相对论有关的微分几何中有一个庞加莱引理也是非常重要的。这个引理说的是：一个闭形式能不能整体地写成一个恰当形式。这个引理说，如果微分形式 $F = \mathrm{d}A$，称 F 是恰当的，那么 $\mathrm{d}F = 0$；如果反过来，$\mathrm{d}F = 0$，称 F 是闭的，但不一定能有整体的 $F = \mathrm{d}A$，要想实现整体的 $F = \mathrm{d}A$ 这样的结果，要求流形是可以缩为一点的。庞加莱引理言简意赅，但很容易引出微积分里的高斯—斯托克斯积分公式，也可以引出纤维丛的示性类。所以把一个微分几何学家和广义相对论学家从睡梦中摇醒，问他什么是庞加莱引理。假如答不出来，那他一定是假的。

1912 年，庞加莱去世了，有个数学界的组织者给爱因斯坦去了一封信，说要出个纪念文集来纪念庞加莱，爱因斯坦拖了 4 个月才回信说，由于路上的耽搁，信刚刚收到，估计已经晚了。偏偏这位组织者不死心，说晚了也没关系，你写了就行。于是爱因斯坦又过了两个半月回信说，由于事务繁忙，实在没力气写了。然后不了了之。

（3）

那么，爱因斯坦到底是怎么发现狭义相对论的呢？

这里面还必须交代一下爱因斯坦的个人生活情况。

前面已经说过，1900年，爱因斯坦从苏黎世联邦理工学院毕业，那时候的爱因斯坦一开始并不是想做家教谋生的。他试图留校当物理教授韦伯的助教，那样的话，爱因斯坦可以继续在那里读书然后得到博士学位。但是韦伯似乎不喜欢爱因斯坦，他要了两个外系的学生当助教，偏偏不要爱因斯坦。于是，爱因斯坦非常失望，对于前途的打算，被韦伯悉数破坏。韦伯不要爱因斯坦的原因是爱因斯坦在上大学期间没有表现出一个好学生的勤奋和循规蹈矩，爱因斯坦在课堂上几乎没有学到令自己振奋的物理。他沉默寡言，上大学要记笔记和写作业，一个叫米列娃的女生默默地帮助爱因斯坦做这些事情，爱因斯坦就开始爱上了米列娃，虽然她是斯拉夫人，并且腿有残疾。

在爱因斯坦1905年建立狭义相对论之前，爱因斯坦的人生似乎波澜四起，命运多舛。他还没有结婚，女朋友米列娃就给他生了一个女儿，但爱因斯坦的父母并不喜欢米列娃，也不同意他们的婚事。因此他们的这个未婚先孕的女儿后来被送到米列娃的老家去抚养，最后居然在历史上消失了。

爱因斯坦的父母非常反对他与米列娃结婚。他找不到工作，四

爱因斯坦

处碰壁,于是做了一阵子家庭教师。生活显示出巨大的不稳定性,就像是一个蜘蛛网,罩了爱因斯坦一脸。为了找工作,爱因斯坦发了不少求职信,但没有一个成功。爱因斯坦认为,很多用人单位要人,但他们往往去大学里打听他,韦伯一定说了不少坏话。

1902年,在他的朋友格罗斯曼的帮助下,爱因斯坦终于在瑞士伯尔尼联邦专利局找到了一份稳定的工作。这份工作是三级技术员,每天鉴定别人的奇怪发明,有大量的空闲时间可以自由思考。

（4）

那么,爱因斯坦是怎么思考的呢?

首先,第一个问题就是:光到底能不能作为一个惯性参考系?

早在16岁时,爱因斯坦就了解到光是电磁波,他想,如果一个人以光速运动,他看到的世界会是什么样子? 比如在远处有一个钟楼,钟楼上大钟的指针会走动,这是因为钟上有光反射到人的眼睛里来。现在假设这个人以光速离开,那么从大钟反射出来的光就追不上这个人了,因此在这个人看来,钟的指针就静止不动了,时间好像就停止了。

爱因斯坦的少年时代一直困惑于这个问题,这个很有画面感的物理想象一直引导着他前进,后来使得他博得了冷酷历史的嫣然一笑。

这个问题把光的速度与时间的本质结合起来考虑,则是非常有趣的。

爱因斯坦之所以那样想,是因为惯性参考系的相对性。爱因斯坦年少时的问题闪烁着他思想上的光芒,虽然他想用光子来做参考系是没有意义的——后来他才知道原来光是不能作惯性参考系的。但当时的爱因斯坦并不知道,于是他遇到了一个自己无法解决的问题。

其次,爱因斯坦要考虑一下麦克斯韦的电磁场方程。

从麦克斯韦的电磁场方程可以知道电磁波以光速传播,而且光速是一个恒定的常数。同时,按照当时的物理学知识,最主要的惯性参考系变换共识是所谓的伽利略变换。这个变化下有所谓的伽利略相对性原理:物理规律在一切惯性系中都是相同的。

所以,按理说麦克斯韦方程组在所有惯性系中都应成立。但按照伽利略相对性,惯性系之间可以差一个相对运动速度 v。依照速度(矢量)叠加的平行四边形法则,电磁波(即光波)的速度如果在惯性系 A 中是 c,那么,在相对于 A 以速度 v 运动的另一个惯性系 B 中,就不应再是 c 了,而应是 $c+v$ 或 $c-v$。

但是,这似乎又有点不合理。因为麦克斯韦电磁理论说光速只能是 c,不能是 $c+v$ 或 $c-v$。于是,爱因斯坦意识到,一定有什么地方出错了。

下面的 3 条理论,肯定至少有一条是错误的了。

(1)麦克斯韦电磁理论,它要求光速只能是常数 c。

(2)伽利略相对性原理,它要求包括电磁理论在内的所有物理规律在一切惯性系中都相同。

(3)伽利略变换,作为三维空间矢量叠加原理的平行四边形法则。

(5)

那么,如何来解决问题呢?虽然前面已经说了,当时其实已经有了庞加莱群这样的数学工具。但知识的传播是需要时间的,爱因斯坦根本就没有注意到法国人庞加莱的数学工具。他是按照自己的方式来思考这个问题的。

爱因斯坦觉得,伽利略变换不能推广到麦克斯韦电磁理论,因为麦克斯韦电磁理论里含有对空间与时间的导数,而且空间与时间的地位是平等的。但伽利略变换却只是一个空间变换,不涉及时间,于是,这里面可能有错。

那么,怎么办呢?

爱因斯坦很自然地想到了一个关键点:那就把时间与空间放在同样的地位上吧。抛弃伽利略变换。

那么,如果抛弃了伽利略变换,那么惯性参考系之间的变换应该用什么呢?

这个变换就是我们前面说到的庞加莱群了。但爱因斯坦当时还不知道庞加莱群这样的数学工具。他也不管这个,转身就想到了两个基本的假设来开始做狭义相对论。

1.狭义相对性原理:物理规律在任何惯性参考系里都一样。(潜台词:所有惯性参考系都等价,不存在一个绝对静止的惯性参考系。)

2.光速不变原理:光速在任何惯性参考系里都一样。(潜台词:光速不适用我们以前习惯的速度叠加原理。)

根据这两个假设,爱因斯坦很容易得到"尺缩效应""钟慢效应",也很容易得到原子弹的能量公式$E=mc^2$。狭义相对论就建立起来了。

第九章 普朗克：爱因斯坦的伯乐

（1）

狭义相对论提出来的时候是 1905 年，爱因斯坦是专利局的审查员，而且还是低级职位，这不是一个学术职位，很多人觉得爱因斯坦是民间科学家。当时学术圈还没有多少人关注爱因斯坦的工作，除了普朗克与他的学生劳厄。

德国物理学家普朗克是一个统计物理学家，但他其实也是量子理论的鼻祖，江湖地位很高。

普朗克与爱因斯坦一样，都是德国人，成长于俾斯麦时代。德国当时处于工业化浪潮之中，钢铁产业蓬勃发展。在大炼钢铁的过程中很自然地产生了一个技术问题，那就是如何测量铁水的温度？

铁水的温度大致上与它的颜

普朗克

色有关系，而颜色是由铁水发出的光波的波长决定的。当时在德国有一个叫维恩（1864—1928）的物理学家得到了一个经验公式。他认为，决定铁水颜色的最主要的光波长和铁水的温度是成反比的，这被称为维恩位移定理。实际上这个定理是后来普朗克所发现的黑体辐射曲线的微分表达式，也就是曲线的极值所在点。这个定理非常实用，虽然维恩也不知道为什么会存在这样的定理。总的来说，这个定理就好像汽车的牵引力和速度之乘积是汽车的额定功率是一个常数那样，这背后有很复杂的多冲程汽车发动机的工作原理存在，但当时还搞不太清楚。

总之，当时研究高温铁水发出的光被称为黑体辐射，这个辐射有一个总的功率。当时另外一个统计物理学家波尔兹曼和他的老师斯特藩已经得到了这个总功率，说总功率是与温度的四次方成正比的。这个叫做斯特藩—波尔兹曼定理。但为什么会有这个定理，说不清楚。

其实斯特藩—波尔兹曼定理就是后来普朗克所发现的黑体辐射曲线的积分表达式。

对于黑体辐射来说，当时最需要解决的问题是，黑体辐射曲线方程到底是什么。当时人们已经知道，黑体辐射可以作为气体，也有压强，也有熵和内能，从各个角度都可以证明辐射气体的能量密度和压强成正比，只差一个常数 1/3。所以，光会产生所谓的光压，一束光打在电风扇的叶片上，电扇叶片会旋转。但是，辐射气体的熵和能量密度到底有什么关系呢？不同的学术流派得到了不同的结论。一个流派得到的熵和能量密度的微分与温度的负一次方成正比。而另外一个流派得到的熵和能量密度的微分与温度的负二次方成正比。这两个结果都不完全符合实验，实验物理学家鲁本斯告诉普朗克，这两个流派的理论一个在长波处与实验相符合，一个在短波处与实验相符合。普朗克听到这个消息，他决定做一个简单的裁缝工作，把那一长一短的两个裤管做成一条裤子。

普朗克想到的办法非常简单，用通分的办法引进一个待定系数就可以把两个式子整合起来。这个方法在实验数据的处理中非常常见，就是"内插法"。这个办法就好像要求一个班级的学生的身高平均数值,我们可以先求出男生的平均身高,再求出女生的平均身高,然后再整合起来,得到一个新的平均数值。这对普朗克来说,一点也不难。普朗克把公式写出来,就是一个简单的微分方程,一积分,就得到了后来被称为普朗克黑体辐射曲线的那个方程。这个方程的曲线画出来很像一个少女的乳峰。普朗克也是莫名其妙,不知道为什么会这样。

"反正我就把结果发表出来,让那些实验物理学家去看看符合不符合他们的数据吧。"

于是,普朗克发表了他的乳峰曲线方程。这一天是1900年的10月25日,他成为量子力学之父,奠定了他如同武当派张三丰一样的江湖地位。

（2）

爱因斯坦的狭义相对论发表以后,本来别人是不会关心他的这篇论文的。但命运有时候是很奇怪的,这个时候,爱因斯坦遇见了一个伯乐。

这个伯乐就是普朗克。他的学生劳厄去专利局拜访爱因斯坦,双方谈了谈,劳厄谈完以后觉得爱因斯坦的理论是对的,于是自己写了一本介绍爱因斯坦狭义相对论的书。书出版以后,学术圈开始关注爱因斯坦的理论。

但是,当时的狭义相对论比较难懂,因为在他之前庞加莱与洛伦兹有类似的工作——也基本得到了狭义相对论的数学形式,当然他们两位没有抛弃一个绝对静止的惯性参考系,所以物理解释上不对,但数学是对的。

为了搞清楚狭义相对论,普朗克于是写信给爱因斯坦讨论问题。讨论了半年,最后的通信让爱因斯坦看到以后心花怒放,因为普朗克说:"爱因斯坦是当代活着的哥白尼。"这是一句重话,相当于现在,杨振宁给一个大学生写信说,你是当代活着的牛顿,这话肯定属于高度评价。

历史的发展并不是一马平川的,而是蜿蜒曲折的。狭义相对论的思想已经开始被普朗克等人在学术领域传播，这自然引起了一些观念上的革命。虽然爱因斯坦已经开始准备发展广义相对论，但狭义相对论的"市场化"进程却刚刚开始，"消费者"还没有准备好接受这一款"雷人"的"新产品"。因为狭义相对论说，两个速度不一样的人，他们的衰老速度是不一样的。那还了得吗？

第十章 朗之万：双胞胎悖论

（1）

　　法国的物理学家朗之万对狭义相对论也有点晕，他不知道到底有多少人已经理解了它，于是他说："全世界只有12个人能懂相对论。"朗之万的话一传出去，新闻界也听懂了，于是报纸上开始不断引用朗之万这句诡异的话。这句话实在是太精辟了，看上去就像是名画《最后的晚餐》里的12门徒，简直有了上帝的气息。而流言表明，这12个人，大多数是在柏林，而在法国显然也有一个人，这个人自然是巴黎的朗之万。可惜，朗之万是真的不懂狭义相对论，他不但不懂，而且还很糊涂，他的糊涂也很正常，毕竟狭义相对论确实有点难理解。

　　但朗之万就像是科学界通往新闻界的喇叭，他又抛出了一个老妪都能解的问题：双胞胎悖论。

　　双胞胎悖论中的姐姐上天去了火星一番，妹妹留在地球，等姐姐回到地球，发现自己还是如花似玉的大姑娘，但妹妹已经人老珠黄。

　　因此这悖论说，既然运动是相对的，那为什么故事的结局不是姐姐人老珠黄妹妹如花似玉的版本？

　　这个悖论一出来，街坊邻居们纷纷议论开了，茶楼酒肆咖啡屋里也争得甚嚣尘上,像是水面被投了炸弹那样沸腾起来。

狭义相对论被朗之万这样用捣糨糊的方法一弄,伤了大众的脑筋。

(2)

为了用现代语言来解释这个双胞胎悖论,我需要使用一个概念,那就是:世界线。

所谓世界线,就是一个粒子在时空中的轨迹。

在双胞胎悖论中,从地球去了火星一趟又回地球的姐姐,她的世界线是闵氏时空中的曲线C。

而留在地球的妹妹的世界线是闵氏时空中的直线L。

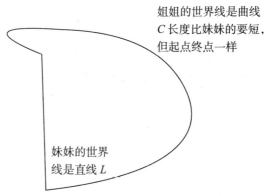

姐姐的世界线是曲线C长度比妹妹的要短,但起点终点一样

妹妹的世界线是直线L

姐姐的世界线长度比妹妹的要短,因此重逢的时候姐姐比妹妹年轻(张轩中 / 画)

世界线的长度C小于L。

这是怎么算出来的呢?

在本书前面我们已经讲过闵可夫斯基度量,用那个度量就可以计算出这两条曲线的长度。

所以,姐姐的世界线要比妹妹的短。也就是说,姐姐是会比妹妹年轻的。

当然这个问题所提出的时空背景是平坦的,所以这是一个狭义相对论问题。

世界线的长短是一个积分过程,这个过程其实可以推广到弯曲的时空。世界线的长度是一个几何不变量,只有这样的不变量才代表真正的物理,也就是不会随着观察者本身的地位改变而改变的。

我曾经多次在科普讲座中谈到双胞胎悖论,也把姐姐的这种四维加速运动看成是一个需要消耗能量的过程,我总是说:"谁消耗的能量与钱多,谁就更年轻!"

关于双胞胎悖论,读者也可以参考方励之和褚耀泉的书《从牛顿定律到爱因斯坦相对论》,他们的这本科普书里,也讲得如出一辙。在文中,他们写道:"1966 年,真的做了一次双生子旅行实验,用来判断到底哪个寿命长,同时也一劳永逸地结束了纯理论的争论。不过旅行的不是人,仍然是μ子。旅途也不在天外,而是一个直径大约为 14 米的圆环。μ子从一点出发沿着圆轨道运动再回到出发点,这同姐姐的旅行方式(C)是一样的。实验的结果是,旅行后的μ子的确比未经旅行的同类年轻了。我们似乎可以这样下结论了:谁相对于整个宇宙做更多的变速运动,谁就会活得更长久。

第十一章 专利审查员的奋斗

（1）

1907 年，爱因斯坦还是伯尔尼专利局的一个专利审查员。他有一个叫贝索（Michele Besso）的哥们。他经常和贝索一起讨论学术问题，他们两个人算是真正有物理思想的青年。犹记得爱因斯坦在 1905 年提出狭义相对论的那篇名为 "On the Electrodynamics of Moving Bodies" 的文章在《德国物理学纪事》发表的时候，那篇文章没有引用任何文献，只是在结尾的时候感谢了一个人——贝索。

贝索与爱因斯坦在 1896 年相遇于一次音乐会上，他年长爱因斯坦 5 岁。贝索是个多才多艺、知识渊博、兴趣广泛而且坚持学习的人，曾研究过物理学、商法、民法、生理学、英国文学、天体力学。1908—1909 年冬，爱因斯坦在伯尔尼大学（与专利局在同一个城市）任编外讲师（没有薪水）讲放射理论课的时候，全班只有两个学生，其中之一便是贝索。正是他向爱因斯坦介绍了马赫的《力学史》，而马赫正是被爱因斯坦称为相对论先驱的人，虽然马赫本人强烈否定自己与相对论有任何的关系。后来爱因斯坦还将自己高中时房东家的女儿安娜介绍给贝索，后二人结为夫妻——值得注意的是，爱因斯坦与安娜的妹妹曾谈过恋爱。

专利局已经太小了，爱因斯坦需要一个更大的舞台。

1907 年，爱因斯坦思考的是如何把世界线和万有引力结合起来。这时候他发现，万有引力与狭义相对论是矛盾的，因为牛顿的引力的计算依赖于空间距离的计算（引力的大小反比于空间距离的平方）。但是，根据爱因斯坦的狭义相对论，在不同的惯性参考系里，空间距离并不是一个不变量。一辆高速运动的火车的长度，在地面参考系看来，火车长度会缩短，这是根据狭义相对论推导出来的所谓"尺缩效应"。

所以，必须把牛顿引力修改一下，使得它与自己的狭义相对论相互协调，这是爱因斯坦的初衷。大师一出手，必然是有大师的痕迹，在没有一定的把握之前，爱因斯坦选择了沉默。他补习了一段时间的微分几何。

（2）

爱因斯坦有一个大学同学，叫格罗斯曼，当时已经是一个数学家。爱因斯坦在专利局的工作就是格罗斯曼介绍的，格罗斯曼其实是爱因斯坦的贵人。

格罗斯曼告诉爱因斯坦，要解决万有引力与狭义相对论的矛盾，微分几何也许有益。格罗斯曼的这句话其实起到了决定性的作用。

学微分几何没有几天，爱因斯坦就有了一些朦胧的思想，这个思想就是：引力其实是几何学（这个思想在本书最一开始我们也讲过了，但爱因斯坦坚定这个思想是在 1907 年）。

回顾一下历史。

牛顿说：**存在虚拟的惯性力！**

马赫说：**其实是真实的引力引起了惯性！**

爱因斯坦把两人的思想中庸了一下，说：**惯性力等于引力。**

到了这里，已经进入一个死扣，但爱因斯坦突然来了一招反璞归真，接着说：引力不存在，引力是时空的几何学。

这最后一句话，爱因斯坦将要大声地讲出来，这就好像那孩子是指出了皇帝新装的秘密，新装并不存在，而引力也不存在。

为什么会这样？为什么要这样？真理是朴素的，也有的人说，数学真理就像是贝多芬的美妙乐章，不是人为雕琢出来的，而是不得不如此的作品，你改一个音符都不行。

爱因斯坦的引力理论，也是不得不如此吗？如果真的非如此不可，那么显然是上帝假借了爱因斯坦之手在人间写方程了。

爱因斯坦为什么要用微分几何，这背后必然有天才的成分在里面，而微分几何刚出现的时候，也是经过天才之手。本书最一开始已经写过，微分几何一开始是高斯的杰作，高斯已经不满足研究一些曲线的弧长，他要研究曲面的曲率。高斯 19 岁的时候，他也和现在一般的高中生差不多，搞一些直尺和圆规来作图。他苦思冥想，就是要作一个正 17 边形。他作完平面几何，就开始作球面、椭球面的面积，作完面积，他就作曲率。

高斯对微分几何研究是有一些玩票的性质，他也是随便玩玩得到了一个高斯绝妙定理和一个高斯—波涅定理以后就金盆洗手。接下来的事情由黎曼来出手解决。黎曼看着高斯绝妙定理出神，知道了一件大事情：几何对象的曲率的存在可以不依赖外部空间。换句通俗的话说，高斯是用长焦镜头远距离来偷窥一个美女的身材曲率，而黎曼用的是 X 射线断层扫描技术来研究美女的身材曲率。高斯站在外面，黎曼在里面。黎曼的几何学抛弃了坐标：几何曲率应该与外部空间无关，甚至与坐标无关。

而爱因斯坦也领悟到了的一个道理：物理应该与坐标无关。

（3）

我们再来回顾一下这些思想史。

狭义相对性原理说:"所有的惯性参考系中,物理规律是一样的。"

基于狭义相对性原理和光速不变原理,爱因斯坦在 1905 年得到了狭义相对论。

现在看来,狭义相对论是很自然的想法,但惯性系不是一个自然的概念。爱因斯坦不是一个普普通通的男人,他后来决定抛弃惯性系。在物理学里,惯性系是一个有特权的王国,爱因斯坦想,这个物理世界应该是民主的,不应该存在具有特权的参考系。他有了这样的思想——姑且称之为"参考系的民主"。

研究万有引力,会发现万有引力的大小依赖于两个物体之间的空间间隔。但在四维几何里,三维空间间隔不是一个不变量,参考系改变以后,这个空间间隔就变化了,于是万有引力大小就变化了,万有引力定律与狭义相对论的矛盾水火不容。

从这个矛盾大致可以看出来,两个物体之间的空间间隔依赖于观察者,所以在不同的惯性观察者看来,两个物体之间的万有引力大小依赖于观察者。这区别于库仑定律,在库仑定律中,除了电力还有磁力,在电荷加速的时候还有辐射。但万有引力定律中并没有对应的磁力。

所以,爱因斯坦开始陷入了深深的思考。他意识到很重要的一点,那就是万有引力其实不是一种力,而仅仅是空间的弯曲的效应——也就是说,万有引力就好像是一个路灯下的影子而已,不是真实存在的东西。

既然空间是可以弯曲的,那么他就可以使用微分几何这套数学工具了。他得到了一个新的原理。

爱因斯坦提出了广义相对性原理:"所有的参考系中,物理规律是一样的。"有了这样一个原理,爱因斯坦要做的事情就是思考一下万有引力了。他要做的很简单,就是要让万有引力理论不依赖于参考系,不依赖于观察者。因为,爱因斯坦相信,物理规律是普适的,它是物理王国的法律,由上帝制定,对谁都一样,在任何时间任何地点,全是一样的,这正是人人平等的民主观念。就这样,爱因斯坦用他的思辨构造了他的引力理论——广义

055

相对论。在他的理论中，引力不是一种力，也许可以说，引力根本就不存在，所谓引力，其实是空间和时间（统称时空）被物质扭曲。正如一个人躺在席梦思床上把床垫睡得陷了下去。所以，空间上的点与点之间，其实是由人类的肉眼看不见的弹性纤维连接起来，这些弹性纤维组合起来就是一张弹性网络，这个网络的动力学规律就是爱因斯坦的广义相对论——正如一根弹簧的动力学规律是胡克定律一样。

第十二章 广义相对论

（1）

爱因斯坦手上仅有的是等效原理和一点微分几何的知识。

他想，如果一个观察者趴在质点上随着质点在引力场中下落，那么，很显然，这个观察者感受不到引力的作用，所以，这个观察者在每一个瞬间都会认为质点是在走很短的一段直线。也就是说，质点的加速度是0。

那么，牛顿第二定律可以写成这样的形式：

$$m\frac{\mathrm{d}x^2}{\mathrm{d}^2t}=0$$

这里，x 坐标是自由下落观察者赋予的。x 和 t 分别表示空间坐标和时间坐标，但这个方程只在局部是成立的。

$$\frac{\mathrm{d}x^2}{\mathrm{d}^2t}+\Gamma\frac{\mathrm{d}x}{\mathrm{d}s}\frac{\mathrm{d}x}{\mathrm{d}s}=0$$

这个时候，爱因斯坦用了另外一个微分几何里的方程，那就是一个不受力的质点在弯曲空间的测地线方程。

爱因斯坦心里有点谱了，因为这两个方程形式上蛮像的。在第2个方程中，是克里斯托弗尔符号。

第一个方程是没有引力时候的运动方程（可以认为这个时候有惯性

力)。第二个方程是微分几何里的测地线方程。

这两个方程大致上差了一个克里斯托弗尔符号,而克里斯托弗尔符号恰恰可以被看成是惯性力。

爱因斯坦有点懂了,原来牛顿第二定律和测地线方程,似乎是同一个东西,只要把克里斯托弗尔符号看成是惯性力……

1911 年,爱因斯坦把他的这个思想写了出来,这就是广义相对论的基本思想:时空是弯曲的,可以用微分几何来描述,而引力是不存在的。

(2)

广义相对论认为,万有引力本质上是一种几何效应,是时空弯曲的表现。

在牛顿理论中,万有引力是瞬时传播的,从一点传播到另一点不需要时间,也就是说引力的传播速度可视为无穷大。但在爱因斯坦的广义相对论中,时空弯曲情况(即万有引力)的传播速度不是无穷大,万有引力的传播速度其实与所谓的引力波的传播速度是一样的,都是光速。

广义相对论的基本方程是爱因斯坦场方程。

$$R_{\mu\nu} - \frac{1}{2} g_{\mu\nu} R = -\kappa T_{\mu\nu} \quad (\mu, \nu = 0, 1, 2, 3)$$

在四维时空下,如果不考虑对称性,由于下指标 μ 和 ν 各有四种取值方式,因此爱因斯坦场方程共有 16 个;即使考虑和 ν 对称,也还有 10 个方程,因此求解非常困难。方程的左边表示时空弯曲的情况,是几何量;其中 $g_{\mu\nu}$ 是度规张量;$R_{\mu\nu}$ 和 R 分别为里奇张量和曲率标量,它们是由度规及其一阶导数和二阶导数组成的非线性函数。方程的右边是物质项,$T_{\mu\nu}$ 是能量动量张量,由物质的能量、动量、能流和动量流组成。式中常数

$$\kappa = \frac{8\pi G}{c^4}$$

其中,G 是万有引力常数,c 是真空中的光速。这个常数是如此之小,我

们也可以从中看出,时空是很难弯曲的,只有巨大的能量动量张量,才能引起可观的时空弯曲。

（3）

1915年6—7月,爱因斯坦在哥廷根做了6次关于广义相对论的学术报告,主要是和希尔伯特讨论场方程该如何从作用量里导出。11月爱因斯坦提出广义相对论引力方程的完整形式,并且成功地解释了水星近日点运动。爱因斯坦是从广义协变性里推导出引力场方程的。到了1916年3月,他完成总结性论文《广义相对论的基础》,广义相对论正式出炉了!几乎在同时,数学家希尔伯特构造了引力场的希尔伯特—爱因斯坦作用量,用物理学的标准化程序通过对度量变分也得到了引力场方程。他说:"哥廷根大街的每一个小孩都比爱因斯坦更懂四维几何,但发明广义相对论的是爱因斯坦,而不是数学家。"

对于物理学家来说,作用量是物理中最基本的,有了作用量物理学家就有了一切。因为上帝在创造这个宇宙的时候,总是有一个单纯的原则,那就是让作用量取到极小值。但是对希尔伯特—爱因斯坦作用量变分有一些任意处置边界项的问题,现在有的研究者认为,边界项根据全息原理很重要,引力场方程可能可以从时空的边界导出。

第十三章　宇宙膨胀

（1）

　　1916 年爱因斯坦把他的方程写出来以后，开始考虑的第一件事情是如何从他的方程得到我们生活其中的宇宙。他成了现代宇宙学的开拓者，爱因斯坦的雄才大略在这件事情上体现得淋漓尽致。这种气质在科学家中是极其少见的，赫胥黎《天演论》第一句也有过类似的气质："赫胥黎独处一室之中，在英伦之南，背山而面野，槛外诸境，历历如在机下。乃悬想二千年前，当罗马大将恺彻未到时，此间有何景物？计惟有天造草昧……"

　　爱因斯坦也是这样，他要在斗室之中，通晓天地之变、阴阳之道，他用的是数学方法做《天演论》。但爱因斯坦时代的数学已经过时了，大体上他用广义相对论代替牛顿引力来研究宇宙。我们换一个比较现代的说法来介绍一下宇宙的几何学。

　　宇宙是一个四维流形，要研究它的演化，就是要研究三维空间超曲面如何在时间里演化。这一点很像证明庞加莱猜想的里奇流方法，但后者需要在流形上做"外科手术"，改变流形的拓扑。爱因斯坦方程里的演化，是几何的演化，而拓扑保持不变。

　　宇宙空间的演化要满足爱因斯坦方程。除了爱因斯坦方程，三维空间超曲面上的初始数据,也就是曲率和外曲率,与四维时空的曲率,相互之间要满足微分几何里的高斯—科达奇方程。

(2)

1912年,那时候爱因斯坦还没有写出他的场方程,美国的斯莱弗(Slipher)已经在天文台观测河外星系,他发现有的星系发出的光谱有红移。这些星光存在红移,现在可以有3个解释:一个是闵氏时空上的多普勒红移,一个是宇宙膨胀引起的宇宙学红移,另外一个就是引力红移。但当时因为广义相对论还没有应用到宇宙,所以斯莱弗的观测只能被解释为闵氏时空上的多普勒红移。因为斯莱弗当时观测的尺度相对于宇宙尺度是很小的,在这个尺度上时空很接近平坦,所以闵氏时空上的多普勒红移解释还是基本正确的。当然最正确的解释应该是宇宙学红移,这说明宇宙的空间本身正在膨胀。

但科学的发展不是一蹴而就的,当时的观测数据少得可怜。虽然当时有少数敏感的天文学家猜想红移的原因是宇宙在膨胀,但这些仅仅是模糊的念头。因为很多星系本身确实是在离开银河系,所以必然存在多普勒红移。

1923年,美国西海岸加州威尔逊天文观测站的哈勃已经能够测量河外星系到银河系的距离。又过了6年,哈勃手头的观测数据积累得更多了,他在1929年得到了一个近似的结论:红移跟距离成正比。这就是著名的哈勃定律。

哈勃定律的重要意义在于,它显示了在天空的各个方向,所有的星系全在离开银河系。这是很让人意外的,因为从统计物理学的角度来看,星系被当作是理想气体,我们银河系仅仅是其中的一个气体分子,为什么所有的其他分子全在离开我们这个银河系分子呢?

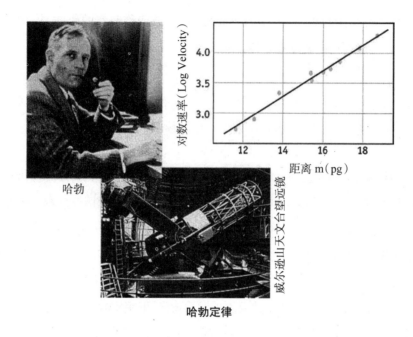

哈勃

威尔逊山天文台望远镜

哈勃定律

因此，最好的解释是，空间本身在膨胀，拉大了银河系和其他各个河外星系之间的距离。

（3）

爱因斯坦为了研究宇宙，提出了宇宙学原理，这个原理涉及宇宙的空间部分，该原理说：我们的宇宙在空间上是均匀的，各向同性的。这一个原理是有实验根据的，那就是1965年发现的宇宙微波背景辐射（当然这个背景也不是绝对均匀的）。

爱因斯坦提出宇宙学原理以后，就开始用他的广义相对论方程去求解宇宙。他发现宇宙居然不是静态的。

为了得到一个静态的宇宙，他在他的方程里引进了一个常数，这个常数就是宇宙学常数。

爱因斯坦曾经写道:"在引力场方程里引进宇宙学常数是我一生中最大的错误。"爱因斯坦为什么这样说呢?对爱因斯坦来说,也许跟米列娃结婚也是一个错误(否则他不会选择离婚)。

1917年,爱因斯坦想把他的广义相对论应用到整个宇宙,他这个时候是38岁。爱因斯坦当时相信宇宙静态——就是说宇宙是一个永恒的不会变化的空间。静态宇宙模型在空间上是一个三球面,所以为了得到静态的宇宙,他必须提供抵抗引力的排斥力,于是引进了正的宇宙学常数来产生排斥力。爱因斯坦的静态宇宙是经受不起微扰的,也就是说,一个胖子在地球上跺脚,可能引起宇宙剧变,天崩地裂。所以,这一次爱因斯坦在物理上表现得非常粗糙,简直显得有点业余,要不是他是爱因斯坦,大家一定会狠狠地鄙视一番才肯罢休。

不过2005年在纪念爱因斯坦提出相对论100年的时候,大物理学家温伯格写了一篇广为流传的文章,题目叫《爱因斯坦的错误》。在文章中,温伯格认为爱因斯坦提出静态宇宙模型在当时是非常正常的。

江湖上的事情就是这样,有的时候是非常出人意料的。1917年的12年后,哈勃发现宇宙在膨胀,也就是说,宇宙不是静态的。爱因斯坦马上会见了哈勃,并表示自己错了。但这个时候的爱因斯坦已经不是一个普通的江湖人士,他已经是武林盟主,引进宇宙学常数这件事情一直让他耿耿于怀。

第十四章 最早的光

（1）

如果有一个冰箱的生产厂商宣称能生产出超级低温的达到−280℃的冰箱，那是肯定不可能的，因为现在宇宙的最低温度是−270℃左右。这个温度就是宇宙中发出的最早的光的温度。

宇宙中最早的光叫做宇宙微波背景辐射。首先，所谓微波是指它的波长很短，一般的高中三年级学生就能搞清楚可见光和X射线以及伽马射线的来历，以及它们之间波长的长短区别。

宇宙微波背景辐射是什么时候发出来的呢？

宇宙是大爆炸产生的，但在大爆炸的瞬间是没有火光的——人类无法观测到大爆炸的情景，一切在黑暗中产生。这是一次非常黑暗的爆炸，因为那时候还没有自由的光子可以跑出来让我们看到，原则上只有引力波能够跑出来。拉普拉斯说，宇宙中最大的星星可能是不发光的。套用拉普拉斯的话，可以说：宇宙中最大的爆炸是不发光的。

宇宙大爆炸在严格意义上指的并不是时间为0的那个时刻，而是指宇宙从10^{-34}s开始的那一次空间的剧烈膨胀。在时间为$0 \sim 10^{-34}$s发生了什么事情，物理学几乎很难回答这个问题，这是量子引力的基本问题。

总之大爆炸开始了，这个时候我们有了时间和空间。可惜的是，这个时候我们只能用一个至今还不清楚的理论——量子引力来解释这件事情。

在我上大学的时候，我的量子力学老师在上课的时候跟我们说起一件小事情，说历史系有某个教授，鄙视我们物理系的学生没有历史感，这个老师有点不平，他告诉我们说："历史学是从5000多年前开始的，可是，我们物理学研究的历史是从10^{-34}s开始的。"听到这句话，下面的学生哄堂大笑，似乎是对历史系研究的时间尺度太短小感到万分鄙夷——当然这种鄙夷是相当善意的。

物理学是一门伟大的学科，但人们必须时刻弄清楚理论的适用范围。物理学只能处理10^{-34}s以后的时间和空间，这是很重要的一个观念。换句话说，我们不知道宇宙0s时候的物理条件，迄今还没有找到适合描述那时候的物理的一个理论。

10^{-34}s是一个尺度，是一个必须把广义相对论和量子理论结合起来的尺度。尺度是一个相当重要的概念，比如量子力学，它能适合应用的尺度基本上是在原子分子尺度。如果有人用量子力学来处理飞机的气体动力学，这其实是一个可怕的错误。

（2）

近代宇宙学，大爆炸模型已经被很多人接受，被称为标准宇宙模型。标准宇宙模型的基础是暴胀和罗伯逊—沃尔克度规。在极早期宇宙，宇宙以相对论性的粒子为主，所谓相对论性粒子，就是说粒子的速度非常接近光速。因为这个时候粒子的速度非常大，能量非常高，所以粒子的静质量可以忽视，电子和质子全可以近似看成无质量粒子。

早期宇宙是极高温度和极高密度的均匀气体——在这里，笔者用词非常小心，因为其实宇宙早期的气体不是完全均匀的——但是，随着宇宙的膨胀，尺度因子变大，早期宇宙的温度就反比例地降低了，为什么是反比例降低呢？

因为宇宙的尺度因子和光子波长成正比，随着宇宙的膨胀，尺度因子变大，所以光子波长正比例变长。因为波长和频率的乘积是光速，是一个常数，所以光子的频率与宇宙的尺度因子成反比。这就是宇宙学红移将引起光子的能量变低。能量在热力学上是波尔兹曼常数和温度的乘积，能量同时与光子频率成正比，所以光子的频率应该与温度成正比。所以总的结果是，尺度因子应该与温度成反比。

一开始，宇宙中是一堆氢气和氦气的等离子气体，并没有自由光子。

在高中物理中，我们知道，氢原子的最低能级是 -13.6eV，所以，只要存在能量超过 13.6eV 的光子气体，氢原子里的电子就会被光子打出来，成为离子状态。

当宇宙的温度降低到退耦温度（$T=0.26\text{eV}$，相当于 3000K）以下时，质子与电子才会结合起来生成氢原子。当大多数自由电子被质子俘获后，光子就可以自由地在宇宙中传播，即宇宙对光子变得透明了——这发生在宇宙大爆炸的 10 万年以后。这就是我们能够观察到的宇宙中最早也是最古老的光，它携带了宇宙大爆炸后遗留下来的信息。在这之前，宇宙对光子是不透明的，也就是说，光并不能像透过玻璃一样在宇宙空间里传播。但在这之前的相当长时间内，宇宙对中微子和引力子是透明的，所以至少在宇宙早期，还有一个中微子背景，但这个背景是很难观测的，因为中微子是非常难以被探测到。由于宇宙学红移，现在观察到大爆炸后遗留下来光子频率的极大值已经移动到了微波波段，这就是宇宙微波背景辐射（CMBR，cosmic microwave background radiation）。

在这一段里，笔者只想解释一下一个粒子物理的能量大概的感觉。一个电子伏特大约是等于 $10000℃$。

（3）

1967 年贝尔实验室的工程师彭齐亚斯和威尔逊意外地发现了宇宙最早的光。他们在波长为 7.35cm 的长波段发现了温度为 3.5K 的不明信号。这个信号非常特别，就是无论你如何改进你的仪器，它永远如影随形，不可消除。这个信号甚至与时间无关，与空间无关。也就是说，在任何季节，在天空的任何方向，这个信号都存在。彭齐亚斯和威尔逊完全不懂宇宙学，他们刚开始以为，这事情真是见鬼了。但他们还是把他们的观测结果写了一篇 1000 字的文章发表出去了。论文已经足够短了，但没有想到的是，这篇论文为他们赢得了诺贝尔奖。

当然，为了更加严格地验证背景辐射确实是黑体辐射谱。1989 年，美国宇航局（NASA）曾发射过一颗宇宙背景探测者卫星（COBE），结果证实了这个结论。并且 1992 年 COBE 还观测到了宇宙微波背景辐射在不同方向上存在着微弱的温度涨落。这个结果被霍金认为是人类科学历史上最杰出的发现之一，因为只有在均匀的宇宙背景里找到涨落，我们的星系和生命才可能形成。

宇宙微波背景辐射是大爆炸遗留下来的目前唯一可以观测的遗产。对历史学家来说，考古是在发掘遗产，对物理学家来说，宇宙背景辐射也是这样一份遗产。

第十五章　黑洞

（1）

引力为什么和其他三种力那么不一样？

引力是四种力中唯一决定和改变时空的因果结构的力。

苹果落地的某一天，牛顿顿悟了引力可以延伸到月球，万有引力的平方反比性质是一个近似，其实这个力还应该包含立方反比项，以及其他更加高级的反比项，这些附加项在引力很强的时候不能忽略，时空的性质将发生异常的改变。黑洞存在，一切全有终结。

在几乎所有的物理学的书籍中，可能费曼的三卷物理学讲义最引人注目，这个讲义大致是 20 世纪 60 年代他在加州理工学院给大学一年级与二年级学生做的演讲。当时大概有 180 个学生聚集在一个大的演讲厅里，一周去听两次物理学家费曼的讲座。这些学生在听完以后分成 15~20 人一组，在助教的指导下背诵和理解这些讲座内容。费曼说，这些讲座的最主要的任务是要使得那些从高中来到加州理工学院的非常聪明的学生保持他们对物理学的热情。因为这些学生曾经听说过物理学是多么有趣以及激动人心——相对论、量子力学以及其他现代的观念。但是一般在他们真正进入大学后前两年的入门课程里，他们往往听到的是让人沮丧的、缺乏现代新鲜感的课程。这些学生们被迫去研究斜面、静电学，诸如此类有点啰唆的东西，其实这些东西有的学生在高中的时候就了解得很清楚了。所以，一般来说，大学物理系的前两年非常徒劳。费曼试图用他的精彩讲座来改变这样的局面。他的讲座里，也讲了一两次广义相对论。设想费曼要能活到现在，加州理工学院要他继续讲他的《费曼物理学讲义》，他非得再写一本第四卷，量子引力。

传统的物理学确实有非常令人乏味的地方。在大学里，很多年轻学生对诸如"黑洞""虫洞"这样的事物充满激情和美丽幻想。这就是生活。

黑洞，最早使用这个名词的人是费曼的导师，他被称为"美国相对论之父"，因为爱因斯坦之后，几乎在美国的所有一流的相对论专家，全是他的徒弟或徒孙，他的学生包括贝肯斯坦、盖罗奇（R. Geroch）、米斯纳（Misner）、索恩（K. Thorne）、沃尔德（R. Wald）。他就是惠勒。

（2）

黑洞这个概念一出现，人们普遍认为，这几乎就是世界末日的真实体验。以史瓦西黑洞为例，当观察者进入离黑洞中心距离为 $R=2M$ 的时候（M 为黑洞的质量），光锥会指向黑洞内部，因为任何带质量的经典粒子只能在光锥内部运动，所以这个观察者就会在人类的世界里消失。更浅显的道理是，在 $R < 2M$ 的时候，每一个等 R 面全是同时面，也就是说，坐标 R 在那个时候，已经不是空间，而表示时间了，所以，观察者不可能在同一时间出现在相等的 R 处。于是，时间流动，这个观察者必然要沿着 R 单调变化的方向前进。于是，它必然要撞上 $R=0$ 的那个可怕的地方，这个地方，是这个观察者时间的终点，被称为奇点。

美国康奈尔大学的研究者林德勒，他给 $R=2M$ 的那个地方取了一个名字，叫做地平线，英文是 "horizon"。原始的意思是说，这个观察者掉进了

$R=2M$这个曲面之后,黑洞外面的人再也见不到他了,就好像太阳在地平线之下,地球上的人就看不见了。后来,"horizon"被翻译为一个更加学术化的名词"视界"。顾名思义,这是一个视觉的界限。

如果说有什么记号能够表示黑洞,最简单的数学公式可能是:

奇点+视界=黑洞。

（3）

在广义相对论中,黑洞的事件视界(event horizon)是一个保持时空对称性的类光超曲面,这是时空的一个特征曲面。时空还有其他的特征曲面分别叫无限红移面和表观视界,无限红移面又被称为类时极限面。大丈夫顶天立地,能静止地站在地球上,这时候人的世界线是一条类时曲线。要保持不被地球引力吸引,人所站立的土地必须提供支持力,但这不是一件随时随地可以做到的事情。在时空的某些区域,无论大地如何坚实,你的腿骨如何强壮,你不可能站立着保持静止不动,你若要保持静止,你的世界线将不是类时曲线,因此你将不可避免地被时空拖动。

第十六章　钱德拉塞卡

（1）

爱因斯坦把引力场并入了时空结构。所以在强大的引力场里出现黑洞这样奇异的时空结构似乎也是天经地义的事情。

"轻轻地我走了，正如我轻轻地来"，中国的徐志摩乘船离开剑桥大学，他已经成为一个诗人。虽然他以前在杭州高级中学读书的时候，这个年轻人隐约还希望自己成为中国的数学家哈密顿，当时他的高中同学包括后来的数学家姜立夫（南开大学数学系教授）和散文家郁达夫。徐志摩去剑桥最终没有学到任何数学。

徐志摩乘船离开剑桥大学之后几年，另外一个来自东方文明古国印度的学生乘船来到了剑桥大学。他的名字是钱德拉塞卡。

钱德拉塞卡想跟爱丁顿研究天体物理。爱丁顿当时是世界上一流的相对论学家。在第一次世界大战中，他率领英国格林尼治天文台和剑桥大学联合考察队乘船来到巴西某个岛屿，发现了引力场确实能让光线偏折，并且偏折角接近爱因斯坦广义相对论的预言，爱因斯坦预言的偏折角是牛顿引力的 2 倍。这一天是 1919 年 5 月 29 日，从这一天开始，爱因斯坦的广义相对论已经是一个精度很高的物理理论。

1882年，爱丁顿出生在英国，他很聪慧，对大数如痴如醉，他很小就会背诵24×24的乘法表，后来还数了《圣经》的字数。他骄傲过人，与女朋友谈恋爱的时候，研究天象很成功，刚刚推导出氢核反应。一天晚上草地上躺满了情侣，一对一对地看星星。女朋友望着美丽闪烁地星光出神，对爱丁顿说："看，闪烁的星星好美啊！"爱丁顿说："是啊，可是此时，我是这个星球上唯一懂得为什么那些星星是如何闪烁发亮的人。"语气里充满了无比的孤独感。

（2）

钱德拉塞卡来自印度。1929年，他18岁时（当时还在印度读书）就写了两篇有份量的论文。其中一篇题为《康普顿散射和新统计学》的论文他递交给剑桥大学三一学院的富勒（Fowler）教授，富勒将论文推荐给《皇家学会会报》。第二篇论文刊在《哲学杂志》上。

经过漫长的海上航行，钱德拉塞卡来到了英国，他当上了剑桥大学富勒教授的研究生。

钱德拉塞卡的计算表明，假如星星的质量大于太阳的1.4倍，则这个星星将会不断坍缩，最后电子的简并压和引力平衡，星体变暗，成为白矮星。电子的简并压是由泡利不相容原理引起的，因为电子是费米子。泡利不相容原理仿佛是物理世界的爱情法则，在同一状态不能容纳两个电子，正如在非阿拉伯世界基本上一个

钱德拉塞卡

男人不可以有两个合法的妻子。泡利不相容原理是一个实验规律，它不能从其他物理规律中被推论出来。泡利在物理学上的贡献除了泡利不相容原理之外，还有他在量子力学上的重要贡献。他是一个天才的物理学家，当时原子核的β衰变出来的电子的能量是连续分布的，这让玻尔等人非常郁闷。玻尔甚至尝试在微观世界放弃能量守恒定律——爱因斯坦说，假如在这件事情上玻尔是对的，那么，他爱因斯坦宁愿去当一个修鞋匠——事实上，这个问题最后的解决出自泡利，他引进了中微子，捍卫了能量守恒定律。

爱丁顿和爱因斯坦等著名科学家不同意钱德拉塞卡的猜想。因为他们想得更加远了，假如事情真如钱德拉塞卡所讲的那样。那么，当恒星的质量远远大于 1.4 倍太阳质量的时候，那时候引力会变得格外地强。于是，恒星不是以白矮星的命运结束，而是可能收缩为一个点了。这在爱丁顿看来，是违背自然规律的，因为在那个点上，密度无限大，曲率无限大。

爱丁顿说，"我认为应该有一个自然定律阻止恒星以如此荒唐的方式运动"，他后来又说泡利不相容原理不能应用于相对论性系统。爱丁顿的权威，使得天文学界基本上接受了爱丁顿的见解。对于沉默的钱德拉塞卡，爱丁顿这样尖锐地说："你是以恒星的角度看问题，而我，是从大自然的角度看问题。"这样的批评是非常优雅的，但对晚辈钱德拉塞卡来说，这样的批评简直是爱丁顿在代表上帝剥夺钱德拉塞卡的学术尊严。（其实对于黑洞，不但应该从数学的角度去看，也许更应该从恒星的角度去看，因为恒星坍塌要形成黑洞，这是引力和物质的排斥力之间的一次拔河，高温高压下的凝聚态物理很重要。）

因为这个缘故，钱德拉塞卡的诺贝尔奖迟到了 50 年！钱德拉塞卡与爱丁顿的见解不可调和，他在英国难以获得合适的职位，1936 年，惆怅的钱德拉塞卡离开了剑桥。这样钱德拉塞卡才到了美国芝加哥。

073

（3）

后来，钱德拉塞卡在芝加哥大学从事了长达 58 年的学术生涯，后来的芝加哥大学，成为相对论研究的一个前沿阵地，除了钱德拉塞卡致力于研究恒星结构和演化、黑洞的数学理论外，盖罗奇和沃尔德也成为一流的研究者，他俩也是惠勒的学生。盖罗奇在 1973 年美国数学家会议上跟数学家报告了广义相对论中的微分几何问题，引起微分几何学家开始关心正质量猜想。国内的梁灿彬教授在 1981 年前后去芝加哥大学做访问学者两年，跟随沃尔德和盖罗奇学到大量微分几何和广义相对论。

1944 年，爱丁顿逝世，发表讣告演说时，钱德拉塞卡还是给予爱丁顿高度评价，把爱丁顿誉为那个时代仅次于史瓦西（Schwarzschild）的最伟大的天文学家。1983 年钱德拉塞卡与富勒（Fowler）分享了诺贝尔物理学奖，获奖理由是对恒星结构和演化的物理过程的研究。他的主要著作有《黑洞的数学理论》（1983）。他的这本专著成为后来几十年黑洞研究的必备用书，其中有大量篇幅研究黑洞微扰和黑洞的测地线的行为。因为黑洞是全黑的，要想在天文上观察到黑洞，人们期望在黑洞与地球之间有一个对黑洞的扰动，这个扰动会引起黑洞的辐射引力波。这些计算全是很数学的，比如对于标量场来说，黑洞与地球之间的势称为里格—惠勒势。通过坐标变换，可能把方程化成比较美观的形式，再用超对称方法来解决类薛定谔方程。总之，黑洞微扰其实就是微分方程，数学家也会有兴趣的。

钱德拉塞卡 1995 年 8 月 21 日在美国芝加哥去世。《今日物理学》杂志1995 年 11 月号（48 卷）发表了芝加哥大学帕克（Parker）教授撰写的讣闻。讣告中称："钱德拉塞卡的去世标志着这样一个时代的结束：物理学家首次达到向内探究原子和基本粒子、向外探索恒星宇宙的水平。"

钱德拉塞卡最初的关于白矮星的计算，后来被推广到中子星，从恒星的观点看，这样的方法，导致的结论是：黑洞不能被避免。

第十七章　史瓦西解

（1）

为了在数学上理解黑洞，我们先来看史瓦西解。刚开始，有了爱因斯坦方程，剩下的任务就是解方程。在时空流形上每一点的切空间看，爱因斯坦方程是一个张量等式，这样的张量等式包含足够多的信息了，可以对其中的张量进行分类，比如对其中的外尔张量进行分类，称为佩多夫（Petrov）代数分类。如果在流形上附加了坐标系，那么爱因斯坦方程的解可以用分析的方法得到，解就是度量函数，是 10 个方程组成的偏微分方程组。这个方程非常复杂，因为它不像一般的 n 次代数方程，后者人们可以根据代数基本定理，可以知道，有 n 个解。爱因斯坦方程到底有多少解，没有人能够说出来，也不能说出来，能找到解的人就是奇才，人中龙凤。虽然人们已经发展了一系列由已知解推出未知解的生成解技术，比如纽曼在 1965 年就从已经知道的带电磁场的 RN 解中生成了带角动量的克尔—纽曼解，当然其中的生成过程用到解析延拓和复坐标系转换，可谓是变幻莫测。所谓偏微分方程，要想解答出来，很多时候就是靠特殊函数之类的方法。在我上大学的时候，对特殊函数非常不适应，当第一次读到薛定谔不解偏微分方程，而用因式分解的方法，或者说，用超对称量子力学的方法得到一维谐振子的能谱的时候，我觉得整个世界是天昏地暗，薛定谔计算过程里的每一个字有豆腐干那样大，朝我迷糊的眼睛砸过来。接着看史温格（Schwinger）用同样一套方法，引进了两套产生湮灭算子表示 SU（2）李代数，也就是得到了角动量。当时的我就像一个正在祈祷的少女似乎看到天父的影子般惊讶。

原来，薛定谔方程这样的偏微分方程（PDE）可以通过不解 PDE 而利用上升下降算子的代数方法来处理。（其实用代数方法解答常微分方程，可以在历史上找到影子，亥维赛这个电机工程师把积分和微分看成是互相为导数的两个算子用代数方法解出了微分方程，其实他是利用了拉普拉斯变换。）

从某个时候起，我看到爱因斯坦方程，就会想，能不能不用 PDE 的方法来解决它。

寻找爱因斯坦方程解的故事非常之长，1980 年剑桥大学出版社出了一本专门探讨这方面的书，叫《爱因斯坦方程的精确解》，作者是伦敦的玛丽皇后学院的麦卡勒姆（MacCallum）和当时民主德国的几个相对论专家。作者麦卡勒姆和彭罗斯在 1972 年写的《扭量：一种量子化场和时空的方法》已经成为最近研究扭量弦理论的人的必备参考文献。《爱因斯坦方程的精确解》这本书已经出了新版，在一次国内的相对论会议的晚餐会上，王世坤研究员说到该书引用了他们以前解爱因斯坦场方程的一些结果。在一本名著里被人引用，是一件很值得高兴的事情。

中国国内也涌现过一些人解过爱因斯坦方程，比如，翻开尘封的历史之书，可以看到先驱束星北走过的峥嵘岁月、崎岖山路。束星北是我国早期从事相对论研究的理论物理学家之一。爱因斯坦广义相对论的引力定律，开始时只得到球对称静力场的近似解，随后史瓦西得到球对称静力场的精确解。20 世纪 30 年代初，束星北曾试图推广到球对称的动力场，得到有质量辐射的近似解。50 年代，外尔、爱丁顿和爱因斯坦想通过黎曼几何把引力场和电磁场统一起来，基本没有成功。其实早在 1930 年前后，束星北就探索引力场与电磁场的统一理论，他考虑了引力场与电磁场的根本异同，提出用质量密度ρ和虚数电荷密度$i\sigma$之和$\rho+i\sigma$代替广义相对论中的能动张量中的质量密度ρ，从而导出一级近似的复数黎曼线元，实数部分正好代表引力场，虚数部分正好代表电磁场，并由之进一步推导出麦克斯韦方程组和洛仑兹力方程。束星北是国内研究相对论的先驱之一，虽然他的这个工作看起来似乎有点粗糙，也几乎没有流传下来的影响力。他是李政道在浙江大学时的老师之一，但他后来受到了沉重的政治打击，其人生经历现在留给人们谜一样的感觉。

（2）

回过头来，让我们重新看一下爱因斯坦方程。

时空的几何用爱因斯坦方程$G_{ab}=T_{ab}$描述，场方程左边只出现背景流形的度量（以及它的派生量）而右边只出现物质场的能动张量。度量张量G_{ab}是场方程中最基础的概念之一，它是一个对称张量，但它同时具有$(-,+,+,+)$的号差，称之为号差为2，这是相对论不完全等价与黎曼几何的全部原因，这样的号差使得流形成为时空，上面甚至可以有类光标架，也就是NP（纽曼−彭罗斯）标架。最初，度量指的是两点之间距离长短，但因为是弯曲时空，所以，任意两个时空点之间的距离变得很奥妙。北京到杭州之间的球面距离，大约是1700千米，这个距离之所以能够出来，是因为我们在地球球面上赋予了一个度量，这个度量是由三维平坦空间的欧几里得度量在球面上诱导而得到的。由此可见，假如知道了地球球面的度量，我们就可以直接算出距离。现在，史瓦西是要在爱因斯坦方程里解出度量。

爱因斯坦场方程是一个张量方程，方程的成立是不需要坐标系的，但真正的计算必然是要选择坐标系，使得这个坐标系覆盖时空流形的某个区域。很重要的一点是，人们可以在同一个地方选择不同的坐标系，但真正的物理的东西是不依赖于坐标系的选择的，这就是广义协变性。通常的比喻是这样的:时空流形好像是一个房间,而坐标系好比是摄像机,摄像机可以从不同角度来拍摄这个房间。广义协变原理指出,无论怎么拍,都是反应同样的房间,房间是不依赖于摄像机的。

第一次世界大战期间,1916年,有一个人给爱因斯坦寄来一封信,他说他找出了爱因斯坦引力方程的一个解,想要请爱因斯坦帮忙在物理学的学术大会上代为发表。写信的这个人当时在俄国, 他忙着在战壕里计算弹道。战争是惨烈的,生命在弹指间灰飞烟灭,四起的狼烟与隆隆的炮声似乎在为运命叹息。

史瓦西在沉思。他是德国的天文学家,欧洲一些国家要求科学家和数学家也到战争前线去。当史瓦西死的时候,爱因斯坦不无悲戚地写了悼念的文章,文章的第一句是:"死神从我们的队伍里带走了卡尔·史瓦西。"

史瓦西考虑的情景是最简单的,他考虑的是一个不带恒星,不带电荷和不带自转,那么,这个恒星的存在将引起时空弯曲,具有球对称性。从他的解可以解释后来爱丁顿观测到的星光偏折的结论,也可以看到恒星发出的光子将在引力场里发生红移。

求解爱因斯坦引力方程=引力方程+对称性

他得到了一个解:

$$ds^2 = -(1 - \frac{2M}{r})dt^2 + (1 - \frac{2M}{r})^{-1}dr^2 + r^2[d\theta^2 + (\sin\theta d\varphi)^2]$$

之后,他在冬天的战场上得了严重的皮肤病,等他跑回德国就匆匆地离开了尘世。一生像闪电般出现,流星般消失。

上面的数学形式描写了史瓦西时空的弯曲情况,当$r = 2M$的时候,第二项系数$1 - \frac{2M}{r}$是没有意义的。所以,史瓦西解仅仅描述了r比$2M$大的区域,也就是恒星的外部解,但要想完全搞清楚整个史瓦西时空以及它的边界,必须使用彭罗斯图。史瓦西时空的类光无限远的附近是渐近平坦的,它可以共形嵌入到一个非物理的时空,这种嵌入不能保史瓦西时空的度量,但保持光锥结构。共形变换后的史瓦西时空将成为这个非物理时空的开子流形，而它的边界就是类光无限远——是一个在非物理时空中的类光超曲面，这个类光超曲面的拓扑是一个二维球面和直线的直乘，它的母线是没有剪切的(shear-free)，其上的外尔张量退化。这是共形嵌入的很数学的结果。

要清楚地看到史瓦西时空的弯曲情况，后来的人做了很多工作，人们还试图把史瓦西时空保度量地嵌入到更高维度的时空之中。保度量的嵌入来得比较直观，比如一个篮球表面，它可以在操场上放着，保持完美的最高对称性，它保度量地嵌入在三维空间里。假定这时候来了一个调皮的小孩，她拿起篮球跑到一个小山坡上，山坡上有一个比篮球看上去小的石洞，她把篮球硬塞进了石洞之中，篮球被拓扑地嵌入了石洞之中，但不是保度量的。这样人们看问题会稍微清楚一点，爱森哈特(Eisenhart)有一个定理说，如果n维里奇(Ricci)平坦的流形可以到$n+1$平坦空间，那么n维流形必然是黎曼平坦的。但四维史瓦西时空不是黎曼平坦的，它仅仅是里奇平坦，所以它不能嵌入到五维平坦空间。但它可以嵌入到了六维平坦空间——这也是米斯纳的结论，米斯纳也喜欢把时空嵌入到高维，以获得直观一点的想象。突破维数的障碍不是动辄可以完成的事情，人类被幽禁在四维时空。对从来没有见过的高维空间，正确的意识很难形成。

二战期间，太平洋的一个荒岛上有一些土著人，他们过着茹毛饮血的生活。后来美军的飞机在荒岛上中转，从战斗机上下来的面带头盔的飞行员把食物和啤酒分给这些土著人。在阳光的照耀下，这些带着封闭头盔的美军飞行员非常像外星人。飞机隔三岔五地来了又走，土著人经常翘首盼望美军战斗机的来临。二战结束了，美军飞行员再也没有去那个荒岛，土著人觉得"外星人"也许再也不会来，于是他们在荒岛上用木头搭建了战斗机的模型，在岩石上刻下面带头盔的飞行员的样子，然后虔诚地跪拜。

史瓦西时空非常像那个荒岛，我们人类就生活于此，不同于那些土著人的是，在这个时空，黎曼发明了弯曲流形的几何学，爱因斯坦发展了引力理论，彭罗斯告诉我们用共形图整体地看时空……

第十八章　伯克霍夫定理

（1）

　　史瓦西解是真空爱因斯坦方程的球对称解,于是,有一个很自然的问题就是,真空爱因斯坦方程的球对称解是不是一定是史瓦西解? 答案是肯定的,这就是著名的伯克霍夫(Birkhoff)定理。伯克霍夫生前来过中国,他是一个美国数学家,也是研究动力学系统演化的鼻祖之一,什么叫动力学呢? 通俗地说,方程中出现对速度做时间微分,或者说出现加速度,那就叫动力学。

　　动力学的一个特点是系统在时间里演化。一个人的一生,一个星的一生,一个宇宙空间的一生,全是在时间里演化的。但在相对论里,用四维的眼光看问题,会有一个基本的障碍,这个障碍在于,如何定义时间。

　　什么是时间?

　　爱因斯坦曾经说过:时间是一个错觉。美国弦论领袖威滕(Witten)如是说:"时间应该被埋葬。"

　　广义相对论是一个不依赖背景的理论,也就是说,万有引力可以被认为不是一种力,而仅仅是时空背景本身。一只蚂蚁趴在一只大象的背上,蚂蚁可能觉得大象不会运动。对于蚂蚁来说,大象就是一个背景。时空很像是一只大象,控制这只大象活动的物理学规律就是广义相对论。在这个意义上,牛顿的万有引力是一个旁观者的引力理论,是看客的引力理论。而在广义相对论之中,不存在真正的看客,任何看客都是舞台上的演员。

对四维时空做了3+1分解之后,可以考虑三维空间超曲面随着时间的演化。

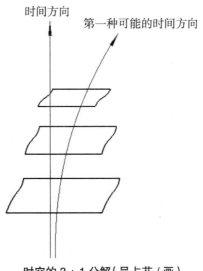

时空的 3 + 1 分解 (吴占芬 / 画)

在时空的3+1分解之中,时间方向是任意选择的。这个任意性是由于广义相对论本身所包含的很高的对称性所决定的。我们一旦选择定了一个时间方向,其实在一定意义上就破坏了广义相对论所包含的最高对称性。正如一个在脸盆里高速旋转的小球,具有平面运动的圆周对称性,但当小球的速度降低,最后在脸盆里静止下来,它就不再具有刚开始的圆周对称性了。

（2）

在广义相对论中,动力学演化指的是空间部分的曲率随着时间而演化。空间部分的曲率又分成两部分,分别叫外曲率和内禀曲率。这两种曲率并不是完全相互独立的,它们在演化的同时要保持一定的数学约束。

动力学系统可以用哈密顿体系来阐述。正则量子化也在哈密顿体系下进行。哈密顿力学在数学上就是"辛流形"。"辛流形"是华罗庚对"symplectic manifold"的翻译。"symplectic"这个词是外国数学家外尔造出来的。这个数学家一开始发现,这种流形上可以定义处处非退化的闭的二形式场,觉得这个问题真是忒复杂,那得给这个复杂的小孩取一个名字,于是想叫它"complex manifold"(复杂的流形)。但是数学家发现,不妥啊,"complex manifold"已给复数流形做名字了,那会很混淆啊,于是这位大数学家有点生气了,觉得不应该叫它复杂流形,而反其道而行之,叫它简单流形,于是就生造了一个与"simple"相近的词语"symplectic"。但这件事情到了中国,轮到华罗庚考虑了。他想,我们得用天干地支,于是先在子丑寅卯辰巳午未申酉戌亥里一找,又觉得应该从甲、乙、丙、丁、戊、己、庚、辛、壬、癸里排查,最后选择了辛。这一次遴选在技术上不亚于以前皇宫在民间选妃。这个"妃子"被选上以后,明显影响了数学的历史。民国时代的中国数学家喜欢中华文化,比如把复正交群叫酉群。

在量子力学中,氢原子的能级,体现出的是SO(4)的对称性,这叫动力学对称性,直观地看,氢原子的存在使得位形空间具有的是SO(3)的对称性。所以,动力学对称性是高于位形空间的对称性。这暗藏的守恒量就是第二章讲到过的拉普拉斯—龙格—楞次矢量。

但动力学的对称性是非常重要的,伯克霍夫定理是一种动力学对称性的体现。要想在直观上理解伯克霍夫定理,不是一件容易的事情。史瓦西解实际上不是覆盖整个时空的,假如不考虑太阳的自转,它的外部解大致可以描述太阳外部的时空弯曲的情况。这个解很有实际意义,因为地球运行在被史瓦西解刻画的时空之中。这样的时空到底有何性质呢?地球每一年绕着太阳转一圈,它的轨道每年都几乎是一样的——这一点很重要,假如地球和太阳之间的距离,是随着年头而变化的,换句话说,假如地球在

1689年离太阳很近，热得要死，在1989年又离太阳很远，冷得要死，那么，这样的地球和太阳的距离具有振荡型的时空就不是我们所熟悉的史瓦西解所刻画的时空了。史瓦西解刻画的空间不随着时间演变，大致可称这样的时空为静态时空。当然，这是一个很不严格的说法，在几何意义上，要想定义静态时空，首先要定义稳态时空。

稳态时空的定义为，时空区域存在一个处处类时的凯林矢量场。这相当于说，度量沿着时间平移不变，也就是时空具有时间平移的不变性。粗率地说就是存在这样的度量矩阵，使得这个矩阵的各个分量对时间求导的结果全是零，如果是这样，时空就是稳态的。如果时空不仅稳态，而且还有更加好的性质——存在与该类时凯林矢量场正交的超曲面，那么，这个时空就是静态时空，不但具有时间平移不变性，而且具有时间反演不变性。

史瓦西外部时空（$r>2M$时）线元已经写上一章写过。坐标t是时间吗？抑或r是时间？因为是外部解，$r>2M$，所以线元的第一项是负的，第一项表示时间项，也就是说坐标t是时间。那么，度量矩阵的各个分量对时间求导全是零，可见，史瓦西外部是稳态的。而要判定它是不是静态的，就需要证明这个类时凯林矢量场是超曲面正交的，在数学上有一定的复杂性，原则上要用到微分几何的弗罗贝尼斯定理。这就是所谓的可积条件。在三维空间的矢量分析中，我们知道，一个矢量场如果可以写成一个标量场的微分，那么这个标量场就是这个矢量场的势，也就是这个矢量场的积分，这就是"可积"最基本的意思。一个场如果可以被积分，反过来说就是这个场是另外一个场的微分，那么这个场就是所谓的可积的。假如这个矢量场是有旋度的，那么这个矢量场就没有势，也就是不可积的了。

以上讲的这些，已经不是很通俗，缺少演义的成分，但对很多有钻研精神的读者，这是一个值得好好注意的地方。如果读者真有研究精神，那么可以仔细研究"可积"到底是什么意思。其实在初等的微积分中，就有很多函数是不存在定积分的，原因是这些函数不存在原函数。不可用初等函数表出的积分特别多，但人们发现这些不可积的积分可以通过定义新的超越

083

函数在形式上表示出，比如指数积分函数、椭圆积分函数。

（3）

非常粗拙地说：证明一个矢量场与一个超曲面正交，还有一些可能的思路，那就是找到这个矢量场的等势面。比如一个点电荷产生的电场与一个球心在点电荷上并且包围点电荷的二维球面处处正交，那么这个球面就是点电荷的等势面——但如果我们保持点电荷不动，但稍微移动一下包围它的二维球面，让球心和点电荷不再重合，这个时候，电场矢量就不再于二维球面处处正交了。但我们知道，只要点电荷还在球面内，那么点电荷的电场的面积分就是高斯通量，这是一个不变量。

那么有没有可能，点电荷产生的电场与包围它的二维球面处处点点不正交呢？这可以用反证法。假定这个电场与球面相交处处有切分量，于是在球面上就有光滑的切矢量场，但这些切分量不可能光滑地布满整个二维球面——原因是因为霍普夫—庞加莱（Hopf-Poincare）指数定理。从霍普夫—庞加莱指数可以看出，任何时刻，地球上不可能处处刮风。人的头发上总有旋涡，这也是同样道理。说白了，这还是拓扑与几何之间的限制。

什么叫球对称时空呢？

时空由度量刻画，度量沿着一个矢量场不变，那么称矢量场为凯林场。凯林场是等度量群的生成元。如果时空存在三个凯林场，这三个场能生成SO(3)群，就称时空是球对称的。SO(3)群其实就是二维球面的等度量群，或者说对称性群。

一个不转动的星体外部的时空是球对称的。如果你假想太阳是一个质点，在它的史瓦西半径之外，你可以做一个等半径的球面，这个球面上 r 和 t 全是常数。这样的话，你其实得到了一个二维球面。

伯克霍夫定理表明，假如这个星体在球对称地震荡或者收缩，它外部的时空依然是球对称静态的。静态表明时空存在额外的类时凯林场。所以伯克霍夫定理可表示为：

$$真空爱因斯坦方程+SO(3)对称性 \Rightarrow 额外的类时凯林场$$

如果一般读者，读了这里还不满足，笔者建议参考霍金和埃利斯的《大尺度时空结构》的附录 B。这本书的中英文版本已经在中国大陆出版了。

（4）

这里先不讲伯克霍夫定理了，窥其一斑兴许也就能知全豹了。余下的问题就是，听说宇宙不是静态的，它在膨胀，如何理解？

已知了静态时空的定义，回头来看宇宙，宇宙是不是静态的，这是一个很重要而且迫切的问题，曾经有一段时间，爱因斯坦深受牛顿等人的影响，认为宇宙是静态的，或者说，爱因斯坦那样深刻的人，也曾经错误地认为，宇宙是一个亘古不变的存在。

昔日的神甫，勒梅特生于 1894 年，当时正好是中日甲午战争时期。后来第一次世界大战爆发了，年轻的勒梅特作为土木工程师在比利时军队中担任炮兵军官。战后，他进入神学院并在 1923 年接受神职，担任司铎，也就是一个神甫，故事也就在这个时候开始了。也许历史选择了他来拉开现代宇宙论的帷幕。作为一个神甫，他可能有一个考虑，就是要证明上帝创世。1923 年（也是美国的哈勃开始观察到星系红移的时候）至 1924 年间，勒梅特在剑桥大学太阳物理实验室学习，后来又到美国麻省理工学院学习，在那里他了解了美国天文学家哈勃的发现。他在 1927 年任卢万大学天体物理学教授时，正式地提出宇宙大爆炸理论，宇宙从一个很小的原子开始爆炸产生，用这一理论，哈勃发现的星系的退行可以在爱因斯坦广义相对论框架内得到解释。后来勒梅特的这个理论被伽莫夫所发展，大爆炸宇宙论的影响力开始空前高涨。当时的爱因斯坦还是不相信勒梅特的理论，他认为勒梅特的物理不行。但是到了1931年，爱因斯坦已经确定知道自己错了，于是他去了加州，会见了哈勃和勒梅特。会见结束了，爱因斯坦认为，这是他一生最愉悦的会面，他接受了勒梅特的大爆炸宇宙学说。爱因斯坦再次认为，自己在爱因斯坦方程里引进宇宙学常数，这是他一生最大的错误。

这已经是很久以前的事情了，现在看来，大爆炸宇宙模型在大方向上完全是正确的——关键是勒梅特的大爆炸开始于一个原子，这是一个很古怪的错误的观念，宇宙在开端的时候，肯定不是一个原子。无论怎么样，用来描述大爆炸之后的宇宙，最好的度量就是RW度量。当然，因为俄罗斯科学家弗里德曼在1922年就从爱因斯坦方程里解出了非静态的宇宙，所以RW度量又被称为FRW度量。可是，当时的弗里德曼把论文投出去的时候，爱因斯坦是审稿人，他很快地枪毙了弗里德曼的论文，弗里德曼写信申辩，爱因斯坦就不再管了，于是，弗里德曼差点被历史埋没了。在这个意义上，要想在物理学江湖上扬名立万，不但要会武功，还要会做人，这两点素质弗里德曼全具备，但还有另外一个要素不能或缺，那就是来自"武林盟主"的首肯。

FRW度量描述我们的宇宙，这个度量把银河系当作是尘埃(一个没有内部结构的质点)。而星系之间的距离是在膨胀的，至于星系内部，这种膨胀效应就是很小很小了。因为这个原因，我们才没有感觉到太阳在渐渐地远离地球，更多解释可以参考本书关于暗能量和宇宙学常数的章节。

星系之间的膨胀大致可以用哈勃定理描述，哈勃常数有一个几何解释。一个参考系也就是一个类时矢量场，矢量场有三个指标：膨胀(expansion)、剪切(shear)、扭转(twist)，哈勃常数正是宇宙标准参考系的膨胀。宇宙的各向同性观察者对应的类时矢量场的扭转为零，扭转为零的矢量场是超曲面正交的，这个超曲面正是我们宇宙的空间部分，但因为这个类时矢量场不是凯林场，所以宇宙不是静态的。

这就是用数学方法,很好地解释了宇宙的膨胀,这里值得强调的是矢量场有三个指标:膨胀、剪切、扭转。研究流体力学的人,多数能体会到这背后的含义。

宇宙不是静态的,宇宙包含了太阳系,但太阳系(史瓦西外部解)是静态的,这是不是互相矛盾了呢?

当我们谈论宇宙学的时候永远要记住,银河系是一个没有大小的质点,是(假装)没有内部结构的。太阳系是银河系边缘的一个微不足道的星系。膨胀的宇宙好像是一辆在黑暗里开动的地铁,地铁根本不在乎一只蚂蚁有没有买票上车。

第十九章 外笛亚解：耀眼的火球

（1）

中国的北方邻国俄罗斯，在相对论历史上诞生过朗道和泽尔多维奇这样的人物。而印度人除了有钱德拉塞卡、艾虚特卡（Ashtekar），其他研究相对论比较著名的是外笛亚（Vaidya）和森（Sen），森后来离开了相对论去了著名的 IBM 公司。瑞查德弗里（Raychaudhuri）也是印度人，他一辈子待在印度，学术经历惨淡，但以他名字命名的方程却是证明奇点定理过程中至关重要的一个方程。可见印度这样的一个南亚次大陆的国家，能够出产优秀的相对论专家，这方面似乎也比中国要出色。尤其是艾虚特卡已经成为圈量子引力的掌门人，他干的事情影响潮流的动向。2007 年夏天，他访问北京师范大学，大谈圈量子宇宙学。他和同行理论研究认为，宇宙不是起源于一个奇点，而是有一个前世，换句话说，现在的宇宙由前世的一个宇宙压缩后再反弹回来——笔者在研究生阶段，也主要研究这一理论，因此比较容易听懂艾虚特卡带有印度口音的英文。还记得那天马永革教授在北京北三环的便宜坊烤鸭店为艾虚特卡饯行（他当时要去墨西哥参加圈量子引力2007年年会），艾虚特卡也谈到印度佛教。当然，我不敢肯定圈量子宇宙学中关于宇宙还有前世的说法是不是与佛教中前世来生的思想有关，但毫无疑问，艾虚特卡是一个能干出事情的人。当天的晚餐让我记忆深刻，因为当天白天我刚从平谷回到北京城里，我去平谷面试北京普析通用仪器有限责任公司的职位，来到便宜坊烤鸭店的时候，晚餐已经正好快开始了，梁灿彬教授正在变魔术。这一次聚餐正好在我毕业离开北京师范大学的时候，因此当艾虚特卡问我去普析通用公司从事什么工作，我告诉他从事光学研究时他也表现出很大的兴趣，我不了解他的具体想法——但在他看来，一个学相对论的研究生从事光学方面的研究是很合适的。一个学相对论的研究生很难从事相对论的工作，因为现在除了GPS全球定位系统，相对论还没有其他更具体的工程。同时在我看来，相对论在一定意义上也是一门光学，包括扭量理论，也是处理类光测地线的学问。笔者在2005年德国圈量子引力年会上第一次见到艾虚特卡，那时候他雄心勃勃，潜心于建立圈量子引力的完整理论，因此最初他看上去非常让人敬畏，而这次他来中国，又觉得他很和蔼。他早期研究经典相对论的时候，就大干类空无限远的结构，发现ADM四动量是那个切空间的一个矢量。能有这样的眼光，看事物的角度已经迥异于常人了。

回过头来看瑞查德弗里方程，这个方程描述矢量场的性质，在证明奇点定理中有重要的作用，它描述矢量场的膨胀在时空中的变化情况。这个方程可以从关于微分几何的雅可比（Jacobi）场的测地偏离方程里得到。其中雅可比场在共轭点对上是退化的。测地偏离方程描述弯曲流形上的测地线越走越近的情景，在物理学看来，类似于太阳的存在，使得自由下落的物体全走类时测地线，但这些测地线朝太阳汇聚。当然，通过观察测地偏离方程可以发现，对于类光测地线，它们之间的测地偏离总是退化的。

瑞查德弗里方程偶然也被称为纽曼—彭罗斯方程，因为瑞查德弗里发现这个方程的10年之后，纽曼和彭罗斯再次发现了它，其实朗道也发现了它。在科学上出现重复多次的发现是非常正常的，因为瑞查德弗里的文章一开始并没有被别人注意,加上印度的信息比较封闭,国际交流也是非常匮乏的,这是难免的,就像现在的中国,国际交流还远远不够。纽曼和彭罗斯是相对论界的大家,一直是他们在领导潮流,相对论在他们那里变得非常数学,也就成了他们这些少数人的游戏。一般来说,判断一个人是不是真的懂相对论,你可以上去跟他说 NP 标架,或者 NP 形式。一般的人是不知道 NP 指的是什么,有些大胆的人可能会以为 N 是一个自然数,可以取 3。但实际上,NP 是纽曼—彭罗斯两个人姓名的简写。纽曼在很长时间里一直待在美国匹兹堡大学,圈量子引力的先锋人物罗维林也在那里待了 10 年。让我很高兴的是,我的一个师姐吴骏从香港中文大学硕士毕业以后,也去了匹兹堡大学攻读博士学位。

纽曼和彭罗斯发明了类光标架,用处很大,真正会拿类光标架算东西的人,往往不是池中之物。数学家陈省身的法国老师嘉当,他一辈子盛产公式,微分几何里有两个关于标架的公式,分别叫做嘉当第一结构方程、嘉当第二结构方程。

我们已经说过,史瓦西时空可以描述最简单的黑洞,这个黑洞的外部是真空,是静态时空;而黑洞内部不是静态的——没有一个观察者能够站在黑洞内部不动。伯克霍夫一开始得到他的定理的时候,以为球对称的真空爱因斯坦方程的解必然是静态的。伯克霍夫定理的正确表达应该是:真空爱因斯坦方程的球对称解必然是史瓦西解。对于黑洞来说,这是一个很强的定理,后来卡特和罗宾逊证明了真空爱因斯坦方程的轴对称解必然是克尔解,作为对伯克霍夫的 1923 年定理的一个延伸。

（2）

索恩的科普书《黑洞和时间弯曲》被翻译到了国内。这本书详细地介绍了黑洞的来历和一些历史进程,他的书没有用那么多微分几何,可能是因为索恩是一个物理学家，专门爱找引力波，而不是像彭罗斯那样的数学物理学家，不关心实验，只喜欢数学。后者自称为柏拉图主义者，或者理想主义者。在索恩的书里可以看到，1958年，一个叫芬可尔斯坦（Finkelstein）的博士后访问了伦敦，他找到了爱因斯坦方程的一个新的解，这个解可以覆盖史瓦西时空，并且在史瓦西半径处没有奇异，但我们暂时不晓得史瓦西半径处这个奇性是不是物理的，或者仅仅是数学的。这样的情况也出现在狄拉克磁单极中，假如你试图用一个坐标系来描述它，你会遇见奇异弦，但这个奇异弦只是一个数学描述的问题，它不是物理的，也就是说，它不存在于真实的物理空间之中。正如一个人看见天上有彩虹，不表示在天上真的有人在拉开一块七色的布片。

在芬可尔斯坦坐标系中，后来发现史瓦西半径处物体只能向里落去，是一个单向膜，是一个单向膜区的开端，但它本身不是物理上的奇点。但是芬可尔斯坦还是很迷糊的，他当时不知道自己处在一个什么样的场合之中，而这是对黑洞深入一步的认识。可以用下面的句子表达：视界处没有物理奇点。

在他之后，1960年，美国的数学家卡鲁斯卡（Kruskal）——一个研究孤立波KDV方程的一把老手——又找到了一个爱因斯坦方程的一个解，这个解不仅覆盖了芬可尔斯坦时空，还覆盖了其他时空区，那就是白洞区域。卡鲁斯卡的名字就在相对论历史上流传了下来，其实他比较著名的工作是集中在KDV方程上的。这的确让世人大开了眼界，因为时空原来是那么复杂。

丹麦王子哈姆雷特怀疑他的叔父谋杀了他的父王并占有他的母亲后，非常愤怒。他曾感叹道：

> 若非噩梦连连，
> 我即使被关在小小的果壳之中，
> 仍会自以为是无限空间之王。

这是几百年前莎士比亚笔下的感喟，但很适合于人们对宇宙的认识。

宇宙是那么复杂，不但有黑洞，还有白洞，这是当初谁也没有想到的。最近，英国物理学家霍金从莎翁卷帙浩繁的著作中将这几行诗的寓意挑出，作为他的新科普书的书名《果壳中的宇宙》。不过，话又说回来，徐一鸿教授也有一本量子场论的教材，叫《果壳中的量子场论》。

其实视界处没有物理奇点这件事在微分几何里应该早就是熟知的，一个流形上坐标选得不好，就有可能有奇异，换用新的坐标，或者用不同的坐标卡去覆盖就可以解决，可惜数学家从未想到过怎么去解决史瓦西坐标的不足。但数学家马上证明卡鲁斯卡解是一个最大的时空，不能再扩展了。但这事情真是很不好办的，我上学的时候，想知道的事情就是史瓦西解可以最大延拓到卡鲁斯卡解，那么克尔解呢？

（3）

现在，我们要介绍一个特殊的解，这个解不是真空解。

如果说卡鲁斯卡解是史瓦西解的爸爸，那么史瓦西解还有一个堂兄，那就是外笛亚解。

假如把太阳外部当作真空，那么利用史瓦西解描述的时空，是稳态的，甚至是静态的。但真实的情况不是这样的，太阳外部存在无质量的中微子辐射，所以，人们需要求解的就不应该再是真空爱因斯坦方程。中微子辐射笼罩在太阳外面，这个辐射不是经典的电磁场。电磁场分为两种，非类光电磁场和类光电磁场，后者能辐射到类光无限远。非类光电磁场也就是静电场，研究静电场的时空，就是 RN 时空，RN 时空是静态球对称的。1951年，外笛亚发表了一篇文章"Nonstatic Solutions of Einstein's Field Equations for Spheres of Fluids Radiating Energy"。在这篇文章中，外笛亚找到了一个非静态解，它和史瓦西解很像，但无法通过坐标系的转化变成史瓦西解。这个就是外笛亚解，它是球对称的，但它不是真空解，像无质量标量场和中微子场以及其他统称为纯辐射场的全满足这个解。纯辐射场的能量动量张量和类光电磁场的能量动量张量一样,但纯辐射场本身不一定满足麦克斯韦方程。所以由能量动量张量不一定能决定场本身。瑞尼奇(Rainich)在1925年研究了这个问题。因为不是真空解,所以伯克霍夫定理在这个场合下是失效的。

外笛亚解描述了一个不是静态的时空,它甚至不是稳态的,而是动态的。这个动态时空显得比较复杂,但对于有强烈辐射的星体,这个解是很有意义的。我上学的时候,赵峥教授曾带着研究生研究这个时空里的黑洞霍金辐射,希望得到一些有意义的结论。

外笛亚解的光辐射不满足麦克斯韦方程,但这是史瓦西解的推广,并且看上去非常像史瓦西解,只是它背后的物理需要深刻的思考。波诺(Bonnor)和外笛亚随后又得到了一个解,这个解是对 Reissner-Nordstrom(RN)解的非静态推广。它能够描述带电的类光辐射流,但也不满足麦克斯韦方程,这个解一出现就被人批评了,因为在物理上,没有发现以光速运动的带电的粒子,所以这是一个非物理解。当然,也许日后人们能找到一个以光速运动的带电粒子,那样的话,波诺一定会被重新提起来,说就是这位波诺先生,曾经在爱因斯坦场方程里发现了以光速运动的带电的粒子,这是天才的理论物理的胜利。

总之,外笛亚解描述的是一个耀眼的火球,火球因为辐射而损失质量,这就是一个动态的时空。虽然这不是一个众所周知的解。

第二十章　从可见光到电磁张量

（1）

　　窗户外面阳光明媚，若你静坐在黑暗的房间里，一束光从窗户的罅隙进入房间，你陷入了思考。《圣经》上曾经说过，上帝说要有光，于是就有了光。我们先暂时跳开黑暗的黑洞和耀眼的火球，来分析一下光线的一些性质。

　　到底是谁安排这样离奇的人生？从牛顿发现三棱镜能折射出七色光线之后，傅里叶几乎把所有的数学物理全写成了光谱的形式，但16岁的少年爱因斯坦是再次从不同的方向思考可见光的那个人。这个少年曾经一度不是很开心，他的世界冷漠疏离，他甚至认为，学校教育不能给他带来什么新鲜的知识，而他一生中最快乐的少年时光，也仅仅是在瑞士阿劳中学复读的那一年，偶尔有些快乐。

　　少年的爱因斯坦曾经也思考过指南针，他的爸爸曾经送给孩提时代的爱因斯坦一个小指南针。然而，他在磁铁上花的工夫不大，否则的话他可能是历史上最著名的凝聚态物理学家。如果你是一个小孩子，你可以思考磁铁为什么不能吸引铜这样的问题，你也可以按照爱因斯坦的思路，来思考一个特别的问题。

　　"一个人要是跑得跟光一样快，他将看到一个什么样子的世界？"

一百多年过去了，答案当然已经在相对论里面，在相对论里，一个人不能跑得跟光一样快，否则这个人的质量将是无穷大。同时，光子是不能做参考系的，这个是因为光子的世界线的长度总是零。

相对论到底是什么呢？它一般被认为是以下 3 个理论：

1.时间和空间的理论。

2.能量和质量的理论。

3.引力与物质的理论。

也许可以同时认为广义相对论是：几何光学。

几何光学无疑是一门优美的数学物理理论，在牛顿之前的数学物理，达到高峰的是阿基米德，他曾经在黑暗年代豪气冲天："给我一个支点，我就能撬动地球。"阿基米德对杠杆的熟悉把握可以从一件事情看出，那就是他利用杠杆得到了球体的体积公式。这就是他那个时代最杰出的智慧。当然，中国人也丝毫没有逊色，祖冲之和他的儿子也做到了这件事情。但祖冲之的方法是纯数学的，而阿基米德的方法是数学物理的。这也许是 2000 多年前的中西科学思路的微小差异的写照，而这种差异随着时间流程好像被放大镜放大了，使得之后在中国几乎产生不出数学物理——也许更确切地讲，古代中国有数学，但不存在物理学，唯一的数学成绩是宋朝杨辉得到了牛顿二项式。而西方出现了牛顿，牛顿一生之中曾经写过两本巨著，一本是《自然哲学的数学原理》，另外一本是《光学》。在这本《光学》里，牛顿认为，引力（和电力）是明显的长程力，而他猜想可能存在其他短程力。在这一点上，牛顿的预见也是惊人的。后来人们发现了奇异的原子世界，实验上发现了强衰变和弱衰变，这些衰变有各种不同的衰变道，各种变化有不同的概率，于是这个世界本质上的量子性被大家看到了。

几何光学的背后是著名的费马原理。这个原理说：光线从 a 点跑到 b 点，总花费最短的时间。这个费马原理是一种奇特的伟大，因为他用了一种"上帝的语言"。很多平面几何的题目可以由它迅速得到，甚至于最速降线的方程，也可以用光线在变折射率介质中的运动来求出。

一只蚂蚁从一个长方体底面的 a 点爬到侧面的 b 点,蚂蚁能爬的最短距离是多少?这个问题当然很简单,你可以把长方体的表面展开,使之成为一个平面。如果是圆柱面,这个问题同样可以解答。但如果是球面,就不是那么简单了,因为你无法把一个球面展平了,于是你想要去计算这个蚂蚁从球面上 a 点爬到 b 点所需要的最短距离的时候,就陷入了僵局。

这个僵局完全可以用几何光学来处理,你可以让光线在球面上传播,但是你知道光线很难沿着球面前进,如果可以,也许必然需要引力的作用,把光线限制在球面上——这大约就是相对论了。

费马原理天生就是一个相对论的原理,原因是光线天生就是相对的。换一句话来讲,光子跑过的时间乘光的速度,总等于它走过的路程,无论在谁看来,全一样。本书将强调光线在相对论中的独特作用,主要的参考文献是彭罗斯和林德勒的《旋量和时空》,这需要很漫长的时间来阐释。

（2）

数学家伯努利用折射定律或者说斯涅尔定律得到最速降线,这种触类旁通的手法类似于布丰投针来计算圆周率,如果说数学是辽东半岛,物理学是山东半岛,它们的背后有广阔的大陆相互连接。古典数学物理的伟大成就,本质上全来自肉眼可以看到的可见光的运动规律,因为这个学问的背后站着牛顿、傅里叶和爱因斯坦。而伦琴发现了那些肉眼看不见的射线,这才开始了一个新时代。

整个牛顿时代的天空只有白天和黑夜,从来也没有灯光绚烂的不夜之城,没有灯红酒绿的街楼市景,大家还点着煤油灯,过着寂寞的日子。但有的人也许曾经向往光明,这是人类的追求。顾城后来写道,"黑夜给了我黑色的眼睛,我却用它来寻找光明"。顾城的诗在物理学历史上没有多少象征意义,古代人在等待着一个烟花烂漫、夜夜笙歌的时代的来临。某一天阳光不再普照大地,电光也能照亮璀璨俗世。

人们是在历史里等待,等待与太阳光不一样的灯火的出现。

牛顿时代没有霓虹,没有激光,唯一的电磁辐射是太阳光和偶尔的闪电。牛顿把握住了光的折射,但没有得到光的进一步的性质,这需要法拉第和麦克斯韦来完成。没有人可以超越时代,风流总被雨打风吹去。

在此反思牛顿的业绩,牛顿在那个黑暗时代最接近广义相对论的时候,是提出牛顿水桶的思想实验,可以相信,牛顿水桶无非就是200多年后的爱因斯坦转盘。

牛顿水桶和马赫把水桶壁加厚的争论非常哲学。在现代广义相对论里,爱因斯坦提出一个平面转盘,这个转盘在平坦的四维时空里转动,因为转盘上不同半径上的观察者,转动角速度一样,而线速度不一样,所以根据狭义相对论的尺缩效应,平面转盘必然需要扭曲。这个思想实验完全与牛顿水桶一样,用现代的数学语言来说:转盘上的观察者组成的参考系,它们是一个矢量场,这矢量场的扭转(twist)非零,所以它无法超曲面正交,或者说,它们无法有同时面。

牛顿属于他的时代,但他对光学的审美可以与万有引力统一起来,广义相对论在一定程度上可以再次被看成是一种几何光学。

我们绕过爱因斯坦,直接找到了彭罗斯。在相对论历史上,存在一个彭罗斯主义,这个主义的基本出发点是:"在四维时空,几何光线的切矢量是类光矢量,二分量旋量正好是类光矢量的平方根。"

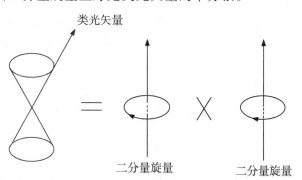

类光矢量是二分量旋量的平方(李广霞／绘)

第二十章　从可见光到电磁张量

二分量旋量就是彭罗斯的广义相对论。如果一定要找一个类比，我们大致可以知道，在经济学里，一个商品的价格大约是反映其价值的，但细节非常复杂，因为价值不可具体算出，而价格可以有很大的涨落。广义相对论也一样，虽然几何学反映物质的分布。但几何里含有更多的信息，这更多的信息就是引力。因为引力就是黎曼曲率，但黎曼曲率中真正反映物质的自由度的是里奇张量，而反映引力自由度的是外尔张量。总之，我们将在以后的章节讨论其细节，现在只需要知道：①二分量旋量正好是类光矢量的平方根；②可以把所有的曲率张量写成简洁优美的二分量旋量形式。

（3）

光是宇宙与地球之间的最紧密的纽带。而从光速的有限性出发，小说家可以构造无穷多凄美的爱情故事。

假如你现在是深圳市里的一个23岁的男孩子，开始在公司上班，每天忙得像一只雨前的蚂蚁，在都市的高楼丛林里穿梭。"现在"织女星上有一个女孩，她用天文望远镜朝地球望去，能看到26年前的地球景象，她"现在"看到的是中国刚刚打开国门，深圳还是一片农村，你还没有出生。她在远方，经历多年的风霜雨雪，要等待着你的出生，与你相爱。光速的有限性在此体现出来了。

当然你也可以反过来问一句，那么，什么是所谓织女星上的"现在"？如何定义地球和织女星的同时面？你如何才能告诉那个织女星上的女孩子，告诉她你已经出生了，并且也很爱她？

你将要面临的是一场穿越时空的爱恋。

总的来说，这就是时空结构。时空结构就像是一头鲸，而人类就像是活在鲸背脊上的海螺，以前这些海螺以为自己生活在小岛的沙滩之上，现在海螺们开始觉悟了，自己是生活在另外一个动物之上。鲸是能运动的，时空结构是会变化的。

唐代诗人杜牧在《秋夕》中写道:"银烛秋光冷画屏,轻罗小扇扑流萤。天阶夜色凉如水,坐看牵牛织女星。"这是一个古代失意宫女孤独生活的写照,也是时空之中优美的图案。但当时的人们没有办法知道具体的时空结构是什么,现在的人是何其幸运,至少爱因斯坦已经从我们身边走过,他给我们留下了广义相对论。

如果你想守望星空,你已经有机会理解时空结构,看到漫天星光,懂得如何能让自己超越璀璨俗世。

（4）

时空结构是由物质分布决定的,但它可以通过上面的类光测地线的性质来描述。

哥腾伯格—塞司(Goldberg-Sachs)定理从类光测地线汇可以推论出外尔张量的代数性质。塞司是一个相对论学家,他和一个华人数学家伍洪熙合写了一本相对论的书,书名叫《给数学家讲广义相对论》。哥腾伯格—塞司定理是一个代数定理,它涉及到外尔张量的代数性质。因为外尔张量是一个具有四个指标的张量,比较复杂。

我们可以首先看看比较简单的电磁张量F_{ab},F_{ab}具有两个指标,是一个二形式场。先不考虑弯曲时空,在平坦时空上一个电磁场,它的电场和磁场可以组成一个4×4的反对称矩阵。这个4×4的反对称矩阵,就是电磁张量在坐标系下的表现。

众所周知,一个点电荷的静电场在另外一个有速度的观察者看来,不但有电场,还有磁场。但我们知道,无论这个运动的观察者的速度有多大,他不可能只看到磁场不看到电场。这就是一个重要的结论,在洛伦兹变换下,电场的平方减去磁场的平方是一个洛伦兹不变量。

这个不变量可以用电磁张量的自我缩并来实现。张量的自我缩并是一个标量，天生就具有洛伦兹不变性，也就是说，这个结果是不依赖于观察者的。

因此，电场和磁场是依赖于观察者的，而它们组成的电磁张量是一个绝对客观的东西。

为了得到另外一个不依赖于观察者的量，但我们先要介绍一个概念，那就是霍奇对偶。霍奇对偶是微分几何里的一个重要的概念，它总是在m维流形上定义，把一个p形式对应为一个$(m-p)$形式。在四维中，因为电磁场是二形式，因此其对偶形式也是二形式。这就有意想不到的好处。

因此，某个4×4的反对称矩阵，就是电磁张量在坐标系下的表现。如果你交换矩阵中电场和磁场的位置，再适当添加负号，就可以得到这个电磁张量的对偶张量在坐标系下的表现。

做完这些，你有了两个4×4的反对称矩阵。你把它们分别叫做矩阵甲和矩阵乙。现在你可以让矩阵甲和矩阵乙相乘，然后取结果矩阵的迹。这就是一个另外的洛伦兹不变量：电场和磁场的乘积。那么我们之前的不变量——电场的平方减去磁场的平方是什么呢？它不是别的东西，正是矩阵甲和矩阵甲相乘以后取结果矩阵的迹。

因此，我们得到了电磁场的两个洛伦兹不变量：①电场的平方减去磁场的平方；②电场和磁场的乘积。

（5）

物理学家关心的是那些不依赖于观察者的东西，所有这些跟参考系无关的物理量，称为张量。电场和磁场可以相互转化，但它们作为一个整体，就是电磁张量F_{ab}。现在来看F_{ab}是在四维平坦时空之上。

那么，考虑本征方程如下：

$FA=fA$

如果矢量A存在的话,显然A是一个类光矢量,本征值f是非零的复数。

这无非是说,如果把F_{ab}看成一个矩阵的话,那么它有特征向量,这个特征向量的长度是0,或者说零模矢量,类光矢量。

作一个简单的总结,电磁场张量F_{ab}它有一个对偶场,当然就是霍奇对偶*算子作用一下。因为时空是四维的,所以F_{ab}对偶场*F_{ab}也是一个二形式场。

再次用霍奇对偶*算子作用一下*F_{ab},我们得到一个非常重要的自对偶瞬子方程

$**F_{ab}=-F_{ab}$

由此可见,在平坦时空上霍奇*算子的平方的特征值是-1。所以*算子的特征值是$+i$或者$-i$。

这预示了量子化以后,电磁场光子的螺旋度是$s=1$。霍奇对偶*算子正好是螺旋度算子。这在艾虚特卡1985年的文章"A Note on Helicity and Self Duality"中有记录。这篇文章很优美,体现了他的水平。艾虚特卡开创的圈量子引力是什么?是一种量子场论。我某一段时间一直看不出艾虚特卡思想的来源,后来看到艾虚特卡的博士导师盖罗奇1973年在芝加哥大学的讲义"A Special Topic on Particle Phisics"。在这本讲量子场论的内部讲义里,完全用几何的方法演绎了量子场论的一些内容,我这才看到了圈量子引力的一种思想来源。

至此,我们已经基本清楚了电磁张量的一些重要的性质。也就是说,你对电磁场的了解,已经拔高到一个很高的高度了。多余的细节我们不再展开,希望这不是拔苗助长,严谨的推导必须参考正宗的教科书。

所有的代数结论全可以用旋量语言重新描述。从几何光学到电磁张量的历史变迁吸引了很多人。

把电场、磁场、磁荷、磁单极所有的问题糅合在一起,这些看不见的光线在黑暗的灵魂世界可以织出绚丽的彩虹。威滕在2002年写了一个《弦

论评论》，认为磁单极存在于宇宙中，这里顺便评论两点如下：

1.没有磁单极的时候，磁场是一个赝矢量。

2.不要忘记电磁场有类光与非类光的区别，或者说有静电场与辐射场的区别。辐射场的能流能到达类光无限远。

引力场和电磁场是两种长程力，把它们几何化的尝试在爱因斯坦的最后岁月里一直没有终止。虽然爱因斯坦获得诺贝尔奖的原因在于光的粒子性，但他一辈子最希望实现的是把光子融入几何化的背景里。

爱因斯坦后来来到了美国。据说他刚到美国的时候，受到了美国人民的热烈欢迎，大伙都想见见这位提出相对论的天才。全国各地都有人邀请爱因斯坦去做报告，于是官方干脆给他雇了一位老司机，拉着他一路四处做巡回报告。报告的题目和内容每次都一样。在几个地方做过几场雷同的报告之后，有一天车队来到了一个相对偏僻的地方，这里的人们没有见过爱因斯坦。报告安排在第二天上午，但偏偏前一天晚上爱因斯坦感冒了，这时候老司机主动找爱因斯坦说："爱因斯坦先生，我已经听过您的很多次报告了，对您报告的内容我相当熟悉，我甚至可以一字不差地复述。所以请允许我替您做一次报告吧，反正这个地方没有人见过您。"爱因斯坦也答应了。于是第二天这位司机就代替爱因斯坦上台做关于相对论的报告，爱因斯坦自己则坐在台下休息。司机的整场报告就和爱因斯坦自己讲的一模一样。然而在报告完之后还是出了一点小麻烦，在观众提问环节有人问了一个相对专业的问题，这让台上台下都捏了一把汗。不过那位司机灵机一动，指着台下的爱因斯坦说："你的这个问题太简单了，就让我的司机代替我回答吧。"爱因斯坦马上会意地接受过了话题……

这些故事有的已经真假难辨，但非常有趣，比如爱因斯坦在普林斯顿的晚年还留下这样一个故事（类似于一个笑话）。爱因斯坦有一次回家忘了自己家的住址，于是打电话给秘书，变了个声音说："你好，请问爱因斯坦教授在吗？"秘书回答说："很抱歉，先生，爱因斯坦已经回家去了。"于是爱因斯坦接着问："那你能告诉我爱因斯坦家的住址吗？我有物理问题要找爱因斯坦教授讨论。"秘书说:"对不起,爱因斯坦要求我们严格保密他的住址,不经他的同意我们不能告诉您。"

然后爱因斯坦压低声音无奈地说:"我是爱因斯坦,您能告诉我,我家的住址吗?"

当犹太人自己建立的国家以色列请爱因斯坦回国担任总统时,爱因斯坦婉言谢绝了,他的理由是,政治只为一时,而方程可以久远。

随着年事日高,爱因斯坦的亲朋好友一个又一个先他而去。在格罗斯曼的葬礼上,爱因斯坦在悼词中写道:"作为普通人的眼光看,你永久离开了我们这个世界;但我们物理学家都坚信,所谓空间和时间都不过是人脑中一种执著的幻象而已。"

陪伴爱因斯坦多年的夫人埃尔莎的死对他是沉重的打击,幸亏他的妹妹专程赶来陪他,使他的精神稍有好转。当妹妹亦身患重病离他而去时,爱因斯坦陷入了更大的孤寂,自己亦知时日无多了。

在最后的日子里,爱因斯坦仍没有放弃自己的工作,统一场论的数学公式始终不断地在他脑中徘徊。1955年4月17日的深夜,躺在病床上的爱因斯坦带着统一场论的秘密永远离开了这个世界。

窗外,一片树叶静悄悄地落了下来。

再次向这位一辈子几乎孤冷的勇敢战士、人类伟大的儿子阿尔伯特·爱因斯坦致敬!这个曾经的16岁的少年在思考阳光的时候,脸上写满了明媚的哀伤。

面对不确定性:爱因斯坦玩扑克(涂明、张曦/画)

第二十一章　外尔张量

（1）

如果你到过海边，比如说北戴河。

你站在海边的时候，总能看到海浪不断冲刷海滩。到了涨潮的时候，海浪会变得很大，你会思索，这个海浪是谁在给它提供能量？

这可能是一个很不简单的问题。

但粗略地说，潮汐力量起源于外尔张量，外尔张量是黎曼曲率张量的一部分。

或者我们可以换一个角度。一个刚接触广义相对论的人可能会问这样的问题："在真空之中，还有没有时空弯曲？"

一个连物质也没有的真空，时空会弯曲吗？

一辆汽车如果没有汽油，它能在大马路上奔跑吗？当然可以，如果马路是一个很大的斜坡，也就是说汽车具有不为零的势能，汽车就能够自动沿着斜坡滑动下来。同样道理，没有物质的时空也会弯曲，只要时空的外尔张量不为零。

因为黎曼曲率可以被分解。

彭罗斯把这个分解写成科普的形式，让大家很容易记住：

黎曼=里奇+外尔

里奇是意大利数学家,他是张量分析的鼻祖。

到底什么是里奇张量,什么叫外尔张量呢?

在爱因斯坦自由下落的电梯里,电梯朝恒星下落,如果把电梯看成一个点,那它当然是自由落体,电梯上感受不到引力。但其实电梯总有一定的空间大小,这个时候,引力的全部效应会体现出来。

电梯里的一个气球,会被引力的潮汐力(外尔张量)拉成一个椭球面,原因是因为恒星引力场不是完全均匀的——相当于点电荷的辐射状的力线,当然要更加复杂,因为根本不存在力线,而是弯曲的几何形态。所以说,里奇张量在引力中效果使得物体朝引力源下落,而外尔张量使得物体被拉伸,或者扭曲——这个就是潮汐力,它不是牛顿引力那样呈平方反比形式的,而是立方反比的。当然这是在四维时空之中的情景,假如在二维或者三维时空(当爱因斯坦方程成立),外尔张量是不存在的。霍金在《时间简史》里曾经证明了人类不可能生活在二维空间。在这里也可以看到,在三维时空,没有钱塘江大潮。

宋朝柳永曾经在杭州看到钱塘江的潮水,后来创作了一个词牌《望海潮》,他写下千古绝唱,描摹四维时空之中的人间美景:"东南形胜,三吴都会,钱塘自古繁华。烟柳画桥,参差十万人家。云树绕堤沙。怒涛卷霜雪,天堑无涯……"

总之,钱塘江的潮水其实是外尔张量在起作用。

105

(2)

一般说来,从相对论的角度大体可以把微分几何分成以下4块:

1.张量场。

2.微分形式。

3.旋量分析。

4.偏微分方程和泛函分析。

里奇在第一块领域做出重要的业绩。而第二块领域的鼻祖是嘉当、陈省身。第三块领域的鼻祖当然就是彭罗斯,虽然欧拉曾经在三维空间引进旋量,而嘉当在四维时空引进了旋量。第四块领域,首推当然是丘成桐。

里奇张量是黎曼张量中的含迹部分。而外尔张量则为黎曼张量中的不含迹部分。

两类张量全可以做仔细的分析,最简单的情景是张量退化为零。

a.里奇平坦。这相当于没有物质分布。

b.外尔平坦,或者说共形平坦。这说明具有极高的对称性。

我们先来介绍一下外尔。

相对论的发展当然吸引很多人。1905 年,爱因斯坦刚提出狭义相对论,19 岁的外尔刚去哥廷根上大学,希尔伯特是他的老师。这年夏天,他带着希尔伯特的《数论报告》回到汉堡附近的老家去,他的老家在一个宁静的小镇之上,和现在很多的大学生一样,他的暑假生活就是自学。后来他回忆说:"整个暑假我在没有初等数论和伽罗瓦理论基础知识的情况下,自己尽力搞懂它。这几个月是我一生中最快乐的几个月。"

从高中刚进入大学的这一年,外尔非常幸运地遇见了他生命中的向导——大数学家希尔伯特。能够读到希尔伯特的书,见到希尔伯特本人,这无疑对青年外尔的成长极其有利。而后来希尔伯特和外尔对广义相对论的数学形式的研究,也奠定了哥廷根数学学派对广义相对论的基础性贡献。

1910 年,物理学家洛伦兹在哥廷根大学演讲,提了一个著名的问题,他问能否由听鼓声推知鼓的形状?当时外尔还是那里的无薪讲师,但"听音辨鼓"这个问题时刻烙在外尔的内心深处,后来他在这个问题上做出了杰出的贡献。到了 1918 年,外尔已经离开了哥廷根大学,在外尔的书《时间、空间和物质》出版的时候,他首次进行统一引力场及电磁场的尝试,虽然没有成功,但他提出的"规范不变性"的概念,这直接导致后来杨-米尔斯规范理论的发展。

在 20 世纪 20 年代，量子力学的诞生，是物理学的又一场革命。哥廷根学派为量子力学提供了数学框架。冯·诺依曼的《量子力学的数学基础》，外尔的《群论与量子力学》成为一个时期的经典著作，以外尔对量子力学的理解，他完全懂得暧昧是最好的男女关系。薛定谔有几个秘密情人，而从外尔与薛定谔的妻子安妮的暧昧关系看来，数学家外尔与物理学交往确实很密切。这可能是 3 个人的《情难枕》。

引用歌词曰：

> 如果一切靠缘份
>
> 何必痴心爱着一个人
>
> 最怕藕断丝连难舍难分
>
> 多少黎明又黄昏
>
> 就算是不再流伤心泪
>
> 还有魂萦梦牵的深夜
>
> 那些欲走还留一往情深
>
> 都已无从悔恨
>
> 早知道爱会这样伤人
>
> 情会如此难枕
>
> 当初何必太认真
>
> 早明白梦里不能长久
>
> 相思不如回头
>
> 如今何必怨离分
>
> 除非是当作游戏一场
>
> 红尘任它凄凉
>
> 谁能断了这情份
>
> 除非把真心放在一旁

107

今生随缘聚散
无怨无悔有几人

（3）

从历史的轨迹来看，科学发展似乎可以由少数几个人来推动，所以这是一种英雄史观。外尔在微分几何上的业绩，导致一个在相对论中起着重要作用的张量——外尔张量的诞生。在 20 世纪 20 年代，在哥廷根大学，克莱因已经退休，希尔伯特也已老了。闵可夫斯基因病早在 1909 年去世。但是，新人不断在成长。希尔伯特的继承人正是外尔，外尔在 1913 年离开，到 1930 年重返哥廷根，他已经成长为数学物理多方面的天才。类似于庞加莱，他创立的学科数不胜数，例如，数论中的一致分布理论、黎曼曲面、微分流形、算子谱论、偏微分方程、胞腔概念、规范理论、李群表示，等等。其中李群表示里的彼特——外尔定理相当于把傅里叶分析推广到了李群之上的平方可积函数空间。但 20 世纪 30 年代的德国，法西斯的浊流在到处蠢动，排犹的风潮越演越烈。1933 年，希特勒上台，外尔也开始考虑离开德国，后来外尔果真离开了哥廷根去往美国普林斯顿高级研究院，哥廷根作为数学历史上的神话从此真正终结。

前面已经讲道，在爱因斯坦把引力并入时空结构后，外尔也希望引进外尔变换把电磁场和引力场一起并入时空结构，成为一个背景无关的理论，物理性质用黎曼几何刻画，矢量的平行移动只改变方向不改变矢量的长度，为了融合电磁力，把电磁力也融入时空的几何性质，外尔觉得必须推广黎曼几何，让矢量平行移动后不但方向改变，并且长度也改变。但这个思想被爱因斯坦否决，因为根据外尔的思想，一个粒子依赖于它过去的历史。但他的思想后来被杨振宁等人借鉴，发展出规范场论。狄拉克在方程里得到了正电荷的粒子,以为应该是质子,但外尔说,根据群论,你这个粒子应该与电子有相同的质量,不可能是质子。于是狄拉克灵感迸发:"那就让它是正电子吧。"外尔把规范变换局部化,就发现电子存在必须要求光子存在。

换句话说:"外尔说要有光,于是就有了光。"

因此,外尔是一个极端重要的人物。继前一章介绍了电磁张量,这一章介绍的外尔张量则相当于真空场爱因斯坦方程式里出现的非线性引力子。

引力子是自旋为2的粒子,如果按照彭罗斯的旋量写法,弯曲时空上的外尔张量的旋量形式满足自旋为2的运动方程,所以外尔张量可以被认为是引力子。这是非微扰的看法,因此在共形平坦的时空,比如闵氏时空和(反)德西特时空没有引力子,原因是因为共形平坦的时空上外尔张量是退化的。但这不是一个非常成熟的理论。

在平坦时空上讨论的引力子,其实就是线性化的外尔张量,这个张量与外尔张量具有相同的对称性。

因此大致的说法总是对的:"外尔张量几乎是表示引力子的最好的张量。"

(4)

在超弦理论里,需要额外维度的空间,威滕和斯特罗明格等人得到了这个空间,就是卡拉比—丘成桐空间。在这个空间之上,存在一个凯林旋量,可以证明这是里奇平坦的。里奇平坦不是黎曼平坦,后者过分平坦,会有非常多的凯林旋量。

根据黎曼张量的对称性,在 n 维流形上它有很多个独立的分量。如果这些分量全是零,那就是一个平坦流形,很多时候人们需要对曲率张量进行一些分类,对里奇张量的分类称为 Plebanski 分类,Plebanski 应该是波兰人,他在相对论历史上并不著名。著名的是对外尔张量的分类,称为佩多夫(Petrov)分类。

佩多夫是俄国人,他在1954年左右开始考虑外尔张量或者黎曼张量的代数分类,到1966年,思路已经完全成熟。他显然是俄国人中研究相对论而在历史留名的少数人之一了。当然其他的俄国人就是朗道、泽尔多维奇等人,朗道他们写的《经典场论》被认为是一代经典。朗道研究相对论的时候,有个中国人跟他一起做研究,他就是段一士。段一士被朗道认为是无比聪明的中国青年。这是几十年前的事情了。段一士对广义相对论的能量问题,有一个自己的表述,被称为"段一士能量表述"。佩多夫也是最早几个认识到1920年伯克霍夫的定理有缺陷的人之一。他在1963年指出这个错误时,离伯克霍夫证明那个定理已经40年了,而伯克霍夫1944年就去世了,他活着的时候未能看到自己的错误被指出,不失为一件快慰的事情。

什么是外尔张量W-abcd的代数分类呢?佩多夫用的是线性代数的方法,因为外尔张量的下指标(ab)和(cd)是对称的,它可以被看成是一个对称矩阵。

给定一个矩阵M-ab,再给定矢量空间的基,那当然可以把这个矩阵写出来。这个矩阵无论怎么复杂,总可以讨论它的本征矢量。当然本征矢量很有可能是重复的,也可能找不到它的本征矢量。

对于外尔张量W-abcd,情景很类似,这个时候,佩多夫只考虑它的类光本征矢量。当然这四个类光本征矢量也有可能是有重复的,或者找不到这样的类光本征矢量。以下的数字 i(i=1,2,3,4)表示 i 次重复的本征矢量。

(1,1,1,1)

(2,1,1)

(3,1)

(2,2)

(4)

(退化)

以上 5 种情景就是外尔张量的分类。对组合数学熟悉的人也许会惊讶，这不是正是整数 4 的无序分拆吗？ 4=1+1+1+1=2+1+1=3+1=2+2=4。这些型号的名字分别是第一类叫 I 型，最后一类叫 O 型——外尔平坦，(2,2) 型叫做 D 型。史瓦西时空和克尔时空全是 D 型时空。

有了对外尔张量的分类的数学，人们才能很好地处理引力辐射问题。莎斯(sachs)得到了无质量场的剥皮(peeling off)定理。后来彭罗斯则用旋量语言很简单地重新得到了皮特夫分类。外尔张量其实对应一个前面说过的自旋为 2 的旋量场。任何一个自旋为 n 的无质量场完全可以用 $2n$ 个 2 分量旋量的对称直积来表示。在每一个时空点，这 $2n$ 个 2 分量旋量——如果你还记得"旋量是类光矢量开平方"——对应 $2n$ 个类光矢量，这些类光矢量被称为这个自旋为 n 的无质量场的"主类光方向"(principal null direction)。这些类光矢量在任一时空点的光锥之上。如果这些主类光方向全部重合，那么这个场就是类光的。对于外尔张量，是自旋为 2 的场，它有 4 个主类光方向，皮特夫分类说明了这 4 个主类光方向的重合情况。

如果时空是里奇平坦的，那么它可能是代数特殊的。一个真空引力场称为代数特殊的，即外尔张量不是 1 型或 O 型的，或者说外尔张量的主类光方向有重合，那就是代数特殊的。

哥腾伯格—塞司(Goldberg-Sachs)定理说的是非 O 型真空引力场是代数特殊的充要条件为它的主类光方向所定出的类光测地线是无剪切的(shear-free)。前面已经讲过，剪切是矢量场的挠度的对称无迹部分。扭转是矢量场的挠度的反对称部分。一个扭转的但没有剪切的类光测地线汇被称为"罗宾逊线汇"，罗宾逊在这里也到达了发现扭量理论的边缘。

总之，这样就把时空几何和类光测地线在某个地方联系了起来。

111

（5）

矢量平行移动的列维—奇维塔（Levi-Civita）联络是列维—奇维塔在 1917 年提出的，但那时候只用于 n 维空间中的超曲面，有人问爱因斯坦他最喜欢意大利的什么，他回答是意大利的细条实心面和列维—奇维塔。

外尔在 1918 年澄清了这个概念并把联络推广到流形之上，所谓流形，就是没有外部空间的一个几何体，宇宙也是无所不包的没有外部的一个几何体。所以，对于联络理论，外尔起到一个承前启后的作用。"流形"这一概念虽然希尔伯特在 1901 年有过比较清晰的定义，但是真正的定义也是外尔在 1913 年的《论黎曼曲面》中给出的。这也是现代流形的普遍定义。外尔在生活中的爱恨似乎已经远去，但在这个言必称流形的数学物理时代，暮色深沉之中，外尔在相对论中的光辉印象矗立在宇宙的山峰上。

第二十二章 克尔解和卡特运动常数

（1）

如果有一天，你可以像青年时代的钱德拉塞卡一样，坐在从印度到英伦的邮轮之上，在夕阳的红晕之下远行，带上一本钱德拉塞卡的书，在漫漫旅途里欣赏海鸥在天边飞行，你也许会惊叹，世界竟然有如此美妙的风景；也许你同时会感喟，每一只海鸥都是死去水手的灵魂。翻开钱德拉塞卡的书，《黑洞的数学》前面的一页里印着两张照片。其中一张照片是史瓦西的，另外一张就是克尔的。如果问1963年以后的经典广义相对论工作者，从1916年广义相对论诞生到1963年，最激动人心的事件是什么？答案很可能是克尔解的发现。虽然爱因斯坦曾经说过，想象力最重要。想象力在某些时候比知识更加重要，知识在大多数时候比技巧要重要，但1963年之前的相对论研究，已经严重缺乏想象力了，同时寻找爱因斯坦方程的轴对称解答，需要的是专业知识和高超的数学技巧。

宇宙间有不自转的星体吗？

在我们的太阳系这个尺度上，所有的星体全在自转，包括太阳，也包括地球,木星,以及月球,等等。虽然情况比较复杂的是,月球的一年等于一天,而土星的其中一个卫星土卫七具有混沌自转,那里的一年等于x天,x是一个非常不确定的数,随着时间而改变。

因此如果土卫七上也有居民,如何制定他们的日历是一件让人超级头疼的大事情。

但我们暂时不关心行星和卫星的自转,仅仅在数学上关心一个质量大于太阳级别的恒星的自转。如果孤立地看这样一个太阳系,会发现这个系统因为具有转动的角动量而变得比史瓦西时空复杂很多,以至于现在还没有一个学者敢信誓旦旦地拍胸脯说:"我对克尔时空,那是相当了解。"费曼曾经说过:"我可以负责任地说没有人懂得量子力学。"在这个意义上,现在还没有人懂克尔解。

1963年有一个相对论专家和天体物理学家的交流会,这个交流会共7天,每天从早上8:30持续到第二天凌晨2:00。克尔(Kerr)是新西兰数学家,他在那里做了一个10分钟的演讲,他一上台,天文学家和天体物理学家就没剩几个,剩下的,也都在小声讨论自己的话题,还有的就是在打瞌睡。克尔的报告无非是自己发现了一个新的爱因斯坦方程的解答的工作。这是三十年来众多人跌倒的地方。克尔的解,描述了黑洞作为一个定向陀螺如何带动周围的时空旋转。这的确是相对论历史上少有的真正意义上的进步。这个时空是稳态的,但不是静态的。也就是说,在克尔解中,你无法找到一个类时的凯林场,它是超曲面正交的。如果你找到一个类时的矢量场,它在克尔时空之中能够超曲面正交,那么很抱歉,它一定不是凯林场。所以,克尔时空有一个致命的特点,那就是旋转星球的外部时空不可避免地被星体所拉动,这看上去,非常像一个旋涡。

因为大多数的星体总是在转动,于是就有角动量,这样的时空,假如转动不能忽视的话,那么它的解显然不能用史瓦西解来研究。所以,克尔解的现实意义是巨大的。在大学物理里,一个具有自转的星球不是一个惯性系,或者说它是一个非惯性系——科里奥利力使得相对于这个非惯性系有速度的物体会受到跟速度方向垂直的力。克尔解在外尔张量的代数分类上属于 D 型时空，或者称为 (2,2) 型时空——外尔张量的四个主类光方向，前 2 个互相重合，后 2 个也互相重合。关于 D 型时空的一个重要结论是：它要么有 2 个凯林矢量场，比如克尔时空；要么有 4 个凯林矢量场——其中 3 个生成球对称，剩余的 1 个生成时空的稳态性质，比如我们最熟悉的史瓦西时空。

（2）

自由落体运动是伽利略最喜欢的，在相对论中，它同样受到所有人的青睐。虽然一般的自由粒子只要一带有质量，必然引起周围时空的扰动。但这个扰动的因素是可以忽略的，于是我们考虑在固定背景之下的测地线方程。当然这显然是物理的，但不是数学的。如果万事追求拉普拉斯在行政机关当官时候的无穷小精神，那么这个粒子对时空的扰动是要考虑进去的。这件事情盖罗奇写过一篇文章，无非是把一个世界线看成一个世界管，然后做一些数学的处理，但完全有吃力不讨好的嫌疑，因为这对相对论专家们来说，是过分物理了——真正的物理学必须要有一定的近似。当考虑在克尔时空外部有一个粒子做自由落体运动，也就是粒子走测地线的时候，不在乎这个粒子对时空的扰动，而在乎如何来解出这个测地线。熟悉牛顿万有引力的人知道这需要运动常数（守恒量）来列出方程，比如粒子的能量守恒和角动量守恒，但这还不够，正如本书一直强调的拉普拉斯—龙格—愣次矢量——这矢量是我们的老朋友了，必须存在。

在克尔解里，因为存在着相互对易的两个凯林矢量场，这两个矢量场是等度量群的生成元。所以说，它的等度量群是一个阿贝尔李群。这两个矢量场一个是类时的，一个是类空的。一个在克尔时空走测地线的粒子的世界线的切矢量可以与这两个矢量场分别做内积，得到粒子的凯林能量和

115

凯林角动量,这两个物理量沿着粒子的世界线保持不变,因此是守恒量。但在克尔时空中,仅有这两个守恒量还不足以确定测地线的方程。彭罗斯和马丁·沃克(M.Walker)希望能够从D型时空中找到凯林张量,从而得到新的守恒量,这被称为彭罗斯和沃克计划。这被认为是很像量子力学的氢原子的SO(4)动力学对称性,那里有一个额外的隐藏的对称性。

现在跟氢原子模型不一样的是,在氢原子中,原子核是一个不转动的质点,原子核对核外电子的吸引力是严格的平方反比库仑力。但对于克尔时空来讲,处于时空中心的黑洞(类似于原子核)在转动,它使得周围的空间扭曲而不再平坦,换句话说,它对黑洞外面自由下落的行星(类似于核外电子)的吸引力完全不是严格的平方反比力。但很幸运,在克尔解里存在一个凯林张量,事情变得相对简单。这个凯林张量是一个(0,2)型的张量。凯林张量是凯林矢量的自然推广,它的存在,将使得克尔时空中的自由下落粒子,沿着这个粒子的世界线看,除了它的能量是运动常数,它的角动量是运动常数,它的质量是运动常数,还有一个运动常数就是这个凯林张量场与粒子的四速的平方相互缩并得到的,彭罗斯称之为卡特运动常数。

布兰登·卡特(Carter)是相对论研究中的一个著名人物,他和霍金是同门师兄弟,从莎玛那里博士毕业后来到了法国巴黎天文台。他和罗宾逊等人一同研究克尔黑洞,非常入迷,后来他们发现了比较著名的黑洞无毛定理:渐近平坦的稳态黑洞必然是克尔—纽曼黑洞。也就是说,稳态的黑洞,只可能有3个自由参数,一个是质量,一个是电荷,一个是角动量。厄弗·罗宾逊是英国的绅士,他在彭罗斯的扭量刚出来的时候,起过历史作用。但他和卡特的工作无非是一系列数学研究,比如说轴对称黑洞必然是稳态的,但一个反问题是稳态黑洞是不是一定是轴对称的。

所以,黑洞无毛定理是一个著名的结论。当然,前提是渐近平坦并且是稳态黑洞,对于一个非常一般的黑洞,这个定理是不成立的。这似乎很好理解,对于一个一点对称性也没有的黑洞,它显然带有很大的任意性,也就是说,它可以有许多毛。于是有的文章考虑了带非阿贝尔场的黑洞,各式各样的黑洞大家全考虑了。

所有这些事情,全部的基础是克尔对旋转黑洞的解。所以新西兰虽然是小国,但有好的数学家。一个好的数学家,能够为很多数学家提供饭碗。

无毛定理,英文是"No-hair theorem"。这不表示黑洞是一个光头,但确实表示,黑洞是世界上最简单的事物。按照中国人的逻辑,也许黑洞无毛定理最好改名叫"三毛定理",因为稳态黑洞正好有三根毛:质量、电荷、角动量。

既然是这样,那么一个突出的问题是:有没有一个全部由磁单极子聚集在一起形成的黑洞呢?

在这之前我们需要了解什么是磁单极子,因此不在这里讨论这个问题。

（3）

具有电荷的旋转黑洞非常像一个氢原子核,或者说像一个质子,但它必然比质子大,因为引力坍塌形成黑洞有一个质量下限,那就是奥本海默质量下限,大概是 2 个到 3 个太阳质量。质子不能成为一个黑洞,是因为质子的康普顿波长远远大于它作为黑洞的半径。因此我们先强调黑洞是经典物理的产物,是一个宏观的现象。也就是说,在经典广义相对论中,不能把质子想象成为一个黑洞,因为两者在尺度上具有天壤之别。虽然以后你会读到,霍金说黑洞能够通过辐射减小它的质量,但一个太阳质量的黑洞辐射的温度却比宇宙微波背景的温度还要低,因此一个大黑洞显然不可能通过辐射变成小黑洞——热量不能自发地由低温物体流向高温物体。

带有电荷的旋转黑洞是最普遍的,这就是克尔—纽曼黑洞。

克尔-纽曼黑洞是最普遍的黑洞,也就是是说,在星体旋转的时候,它的外部不是真空的,而是有电磁场的。这个时候的黑洞外部叫做电磁真空,时空的标量曲率是零——因为电磁场是无质量场,能动张量无迹——

但时空的黎曼曲率不是零。克尔—纽曼时空的标量曲率为零,原因是因为电磁场是光子场,光子是零质量的。无质量场的能动张量总是没有迹的。能动张量无迹也是这个场具有共形对称性的条件。

为了在以后方便理解扭量理论,先简单介绍一下,共形对称性有着比等度量对称性要宽松一点的要求,它不一定要求矢量保长,而只要求矢量与矢量之间的夹角能在这个变换下保持,所以又叫保角变换。一个场由一个能动张量刻画,如果时空存在一个凯林矢场,那么这个能动张量和某个类时矢量场缩并可以得到一个矢量场。它可以看做是一个流,假如要求这个流是协变守恒的,我们会发现,这个类时矢量场必然是一个凯林场。如果这个类时矢量场是共形凯林的,那么只要能动张量是无迹的,刚才构造的流就依然是协变守恒的。协变守恒流的存在不依赖于观察者,也就是说与参考系是没有关系的,于是它显得很优美。假如在广义相对论的框架下来看经典场,是非常优雅的。

（4）

克尔—纽曼时空是最普遍的时空,它在外尔分类上也是属于D型时空。

下面我们暂时不再展开对这个时空的大规模讨论,典型的参考书是钱德拉塞卡的《黑洞的数学》,但那是一本不适合非专业人士阅读的书籍。还是要总结一下这一章的基本意思。

当我们考虑一个有质量的粒子在这个时空背景里自由下落的时候。情景是非常有意思的,因为这个粒子像是一块石头进入一个旋涡,而不是进入一个平静的水面。

在平坦空间里,最简单的和谐出现在牛顿引力里,动能和重力势能之和是总能量 E,如果

$E<0$,轨道是椭圆;

E=0，轨道是抛物线；

E>0，轨道是双曲线。

在第二章已经看到，在牛顿引力里，粒子或者行星绕恒星公转的轨迹是在平面内的，它们全是一个平面截取一对圆锥以后的结果。束缚的空间轨道椭圆是封闭的，这背后是因为拉普拉斯—龙格—楞次矢量的存在。这是在牛顿引力下的不自转的星体产生的引力场的结构。推广到广义相对论，自转的星体下拉普拉斯—龙格—楞次矢量就推广成了卡特的凯林张量。

既然广义相对论中没有天然的时间概念，那么我们如何才能说明一个粒子的运动常数，或者说守恒量。这个问题的答案是，要求存在一个物理量A，A如果沿着粒子的世界线的仿射参数求微分保持不变，那么称A为运动常数。在非相对论中，一个自由粒子的哈密顿量是它的动能，也就是它三动量的平方。在广义相对论中一个自由粒子的哈密顿量被称为世界线哈密顿量——它是静止质量的平方（能量的平方减三动量的平方），这个运动常数可以看做是度量张量作为一个凯林张量产生的。这是一个广义相对论性的哈密顿量。在广义相对论中，任何一个相空间上的函数，对世界线仿射参数或者说固有时的变化，等于这个函数与世界线哈密顿的泊松括号。

在克尔—纽曼时空之中，粒子的运动常数或者说首次积分是粒子的能量，粒子的角动量和粒子的质量（其实是粒子质量的平方）。这样就有了3个运动常数，如果只有这3个运动常数，我们要确定粒子的轨道，必须做特殊的处理，就是让粒子在赤道平面内运动。但对于一般的粒子，这个条件是无法满足的，基于这个原因，卡特开始了我们前面说的寻找新的凯林张量的重要工作。

总之，卡特是相对论领域的英雄人物之一。1973年他和巴丁和霍金的文章《黑洞动力学的四个定律》完全刻画了克尔黑洞各个参数之间的联系。也就是说，在克尔黑洞的"三根毛"之间，是有相互的内在联系的。

卡特对克尔时空的深入研究得到结论，发现这个时空中存在着一个特殊的凯林张量。当时卡特的文章发表在德国的《数学物理通讯》上，时间是1968年。

彭罗斯把第四个运动常数称为卡特运动常数。他当然能理解卡特的工作，1972年他本人和霍斯顿（Hughston），索莫斯（Sommers）以及沃克（Walker）合作，用旋量分析的方法，重新证明了卡特的结论。彭罗斯的杰出才能再一次得到了验证。所以彭罗斯是旋量分析的一代宗师，经典相对论的大部分结论全可以用旋量的语言重新叙述，而中国在那个时代，恰恰缺少能够跟上彭罗斯的步伐的人。

现在彭罗斯已经70多岁了，他对卡特的凯林张量的重新理解的工作已经过去了30多年。在爱因斯坦时代黄昏的余晖下，最凄美的画面是彭罗斯走在牛津大学的林荫道上，慢慢老去……

第二十三章　二分量旋量

（1）

为了走向扭量理论,需要首先介绍二分量旋量。

著者在前面已经写到史瓦西黑洞和克尔黑洞,读者也对黑洞有一个大概的认识,这个认识有两个侧面,数学侧面和物理侧面。在数学上的仔细讨论受限于本书的定位,因此不能展开;在物理上要形成黑洞,需要研究引力坍塌的细节,我们也在这里跳过。但是基本的讨论并不难,要想得到白矮星的质量下限,需要明白一些事情,比如在白矮星里面,电子是非相对论性的;电子的质量大约是质子质量的 1/1800;电子之间存在泡利不相容原理。中子星的形成是一般专业教材比如《恒星物理》中会介绍的,我们也不再继续探讨,因为本书在基本格调上定位成一本数学物理方面的书。

现在我们暂时跳过黑洞和宇宙学,来介绍一个相对论中基本的数学手法——二分量旋量。

在著名武侠小说家金庸的《笑傲江湖》里,有一本传说中的武林秘籍《葵花宝典》,得到这本秘籍的人可以学习里面的武功而称霸江湖,打开扉页的第一句话是:"欲练此功,必先自宫。"细心的读者可能已经发现,在本书前面演绎的相对论历史中,扭量理论一直是一条通向统一的道路,当然

121

这个道路的尽头在很远的地方,但你可以领略这沿途的风景。电视上有广告总是这样说的——重要的并不是风景,而是看风景的心情。在这个意义上,阅读本书的时候需要有一种看风景的心情,因为懂得,所以慈悲。本质上著者希望本书影响一大批青少年,所以努力尝试一种冷酷叙事的风格。如果说《扭量》也是一本秘籍,那么它的扉页上一定有这么一句话:"类光矢量开平方得到旋量,光线可以代替时空点。"现在读者可能还完全不清楚到底什么是扭量,姑且按照我的一个朋友的理解,她把"扭量"解释为"扭转宇宙的力量"。其实,如果可以,著者愿意把"扭量"解释为"扭转光线的力量"。

试问什么东西能够扭转光线?除了透镜,除了光栅,还有一样东西,那就是引力。

（2）

克尔解和对电磁场和引力场(外尔张量)的代数分类使得经典广义相对论在旋量语言下显得生机勃勃,数学也变得简单。钱德拉塞卡在他后半辈子做的重要贡献,是在克尔时空中解出了狄拉克方程。钱德拉塞卡相当于在天空中引进了超对称。这一切全可以用二分量语言重新描述或者证明。1984年彭罗斯和林德勒出版了《旋量和时空》的上册,主要讲解二分量旋量,基本上奠定了经典广义相对论的格局。

二分量旋量不是一个直观的概念。它不像矢量,是高中物理里就经常讲到矢量是既有大小又有方向的物理量。在大学物理的量子力学里,描述一个电子的自旋态,就是一个二分量旋量。但自旋不是一个直观的概念。

但二分量旋量绝对是一个你可以理解的概念,只要你知道什么是复数。

一个二分量旋量就是二个复数(a,b),可以写成一个列矢量。这里a和b全是复数,所以一个二分量旋量其实是4个实数。所有的二分量旋量就构成了一个矢量空间,这个矢量空间就是旋量空间。在这个矢量空间里,两个矢量之间依赖 SL(2,C)群给联系起来。或者说,给定一个固定的矢量和 SL(2,C)群,通过这个群的作用可以得到矢量空间。在这个矢量空间上还可以引进一个反对称的度量,或者叫辛度量,引进这个度量后,每一个矢量——也就是每一个二分量旋量的长度可以算出来,全是零。

也许这已经让你觉得有点太数学太数学了,那么你只要知道,电子自旋的空间,就是二分量旋量空间。

两个电子的耦合起来的系统可以使得总自旋要么为 1,要么为 0。这就是两个旋量空间的直积。换句话说,存在这样一个比喻,把两个电子放在一起,它可以是一般金属超导体里面的电子库柏对(它的自旋为 0)——库柏对是自旋相反的两个电子通过声子相互作用组成的,这是关于超导体的 BCS 理论。自旋相同的两个电子放在一起,得到的自旋为 1,你可以把这个自旋为 1 的东西理解为光子。

后者就是本书作为一本武功秘籍不断强调的练功心法:"在相对论中,类光矢量开平方就是二分量旋量。"

（3）

上面说的东西用数学系学生喜欢的语言来说其实是线性代数里的矢量之间的外积。

两个二分量旋量(其实是一个矢量)的外积是一个 2 × 2 的矩阵。

从复平面得到黎曼复数球面的数学技巧对有数学系科班背景的人来说是简单的。但对物理系的大学生来说,也许可以换一个角度。本来一个电子的自旋波函数空间是一个复 2 维实 4 维的空间,这是一个希尔伯特空间。如果你知道在量子力学里一个物理的态是一条射线,你就会模掉等价类了。所以一个电子的自旋态对应一个黎曼复数球面(也就是量子信息里的 Bloch 球面)。

可能你还是不明白，那就换一个角度重新开始。一个电子的自旋态是两个复数，也就是 4 个实数，要求自旋态是归一化的，这 4 个实数满足一个三球面的方程。现在态已经归一化了，但还有一个相位 U(1) 的自由度，也就是相位不定性，需要模去它。这个三球面模去 U(1) 正是二球面。

倒过来说是，一个二球面上的 U(1) 主丛是一个三球面。天呀，这又成了纤维丛的语言。

二分量旋量背后的物理就是这样，人们被迫走向黎曼复数球面，也就是复投影空间。在扭量理论里，时空上的一点将对应 4 个复数，也就是一个扭量，二个旋量。在那里需要把 4 维复平面做复投影空间，这是后话了。

读者可以跳过这一章也不妨碍全书的阅读。但这一套彭罗斯引进的二分量旋量的语言是经典相对论的最佳语言。

经典相对论学家可以列出来一串名单。他们是：彭罗斯、霍金、钱德拉塞卡、沃德、盖罗奇、卡特、罗宾逊……

物理学需要作秀吗？在这个排名中，把彭罗斯排在第一个，因为霍金已经吸引了很多眼球了。好像很少有大众关心彭罗斯是一个什么样的人——正如在中国，说相声的人中，有一个叫郭德纲的先生，他的相声不错，但一直没有引起大众的注意，直到前些年，他才出现在媒体摄像机的光圈里。同样的道理，好的物理学家是需要世人尊敬的。因此取一个煽动性很强的好名字也很重要，在超弦领域就有个好例子，比如"普林斯顿的弦乐四重奏"；物理学还需要形象代言人，比如霍金，再比如威滕。美国新闻周刊评出美国在世的 50 位最有影响的人物，威滕紧随麦当娜。可见威滕在美国已经是颇有知名度了，但在中国，知道威滕的就不多了，正如很多人不晓得谁是彭罗斯。

不可否认霍金是个作秀的高手，懂得和别人打赌来炒作自己。而彭罗斯和威滕全是很腼腆内向的人，他们似乎不喜欢炒作，只喜欢默默耕耘，他们很严谨内敛。但历史会记得他们，他们两个人实在是太牛了，几乎和牛顿一样，具有数学物理的天才。

彭罗斯的数学很强,他整个颠覆了原来的一套爱因斯坦时代遗留下来的坐标语言。彭罗斯是一个过分的理想主义者,他发明了抽象指标,简化了对张量的理解,他和林德勒合写的那本专著《旋量和时空》,简直是一本相对论的圣经。霍金的前妻写了一本霍金的传记《音乐移动群星》,以一个女人的角度说事,她觉得彭罗斯太数学了,他简直是为相对论而诞生的,以致他的妻子简直成了相对论物理学的寡妇,彭罗斯的爱全化在时空里了。

第二十四章 时空为什么是四维的

（1）

在我写作本书的过程当中，总有欲言又止的情绪。也许是应了某句歌词："几多派对，几多个失散伴侣。几多个故事，并无下一句。"但我们还是要走向扭量理论，在这个过程中有一个问题必须涉及——时空为什么是四维的？

按照一般名著的写法，我们说："At the beginning, there was Poincáre."

和上帝创造了世界差不多，庞加莱开启了现代意义的数学物理，甚至狭义相对论这个名字也是他取的。他的猜想是关于三维球面的。

我们为什么要来讲三维球面？原因可以有很多很多，最主要的原因是，讲了它，你能很快地学会一些东西，从而达到心旷神怡的目的。

二维球面是比较简单的，如果你现在有电脑，并且电脑上安装了Matlab软件，那么很显然，你可以马上画出一个二维球面来。

可惜的是，电脑也不能画出三维球面来。原因是因为，没有人见到过三维球面到底是什么样子的。虽然庞加莱的猜想被佩雷尔曼证明以后，人们开始完全相信,这样单连通的封闭的三维空间,只有一种。庞加莱的猜想的证明过程充满传奇色彩,有人文笔出众,在《纽约客》上发表了一篇华丽的文章《流形之命运》,挑起数学界的江湖恩怨,可惜,这也似乎是很久以前的事情了。

（2）

在我上研究生的时候,我们引力组的梁灿彬教授偶尔会在聚会的时候表演魔术。其中有一个关于纸牌的魔术里有一个"意念活动",也就是说,你可以在意念里翻转一张纸牌,然后再插入到一盒纸牌里……当然魔术必然作假,但背后的手法确实让人惊异。

现在,三球面已经在你的意念里了。现在,我们在意念里要来转动这个三球面。于是,我们得到了一个转动群 SO(4)。这其实一点也不难,因为一个二维球面的转动群是 SO(3)。

总之,现在你手头有一个 SO(4)群了。SO(4)群也是一个流形,但这是一个高维流形,它的维度是 6。也就是说,这是一个 6 维的怪兽。

在经典电动力学里,电子围绕核转动的时候,会辐射掉所有能量,然后撞进核子里,这样的原子是不稳定的。原子不稳定的原因是,经典理论里电子的能量没有下限,换句话说,电子的能量可以一直降低。

在这个意义上,经典电动力学肯定是不完整的理论。于是,这个时候,量子理论出现了。在量子理论中,电子的能量不能一直降低,电子有一个最小能量。

如果现在你负责计算氢原子的电子的能量,你会怎么办的?

先给你一个提示,假如没有 SO(4)群,原子的光谱线就不会那么复杂,也不会具有那么多精细结构。

（3）

巴耳末公式是 1885 年由瑞士乡村中学数学教师巴耳末提出的用于表示氢原子谱线波长的经验公式。这当然导致了以后量子力学的诞生。这些从光谱中读出物理的人永远值得尊敬，原因是这些人是开普勒式的英雄，后者从天文数据中读出了椭圆轨道。

好了，现在你还是负责计算氢原子的能谱。

为了帮助你，一个声音在你背后时不时地插嘴：

"1.首先，你想，电子绕核的运动在经典意义上是一个椭圆。好了，请想想令人尊敬的开普勒，既然库仑力和万有引力一模一样，那就好办了。"

好了，看来你已经明白了，马上用铅笔在白纸上画好一个椭圆。

"2.写出电子的总能量，也就是它的哈密顿量。"

你心里想，别吵，我知道怎么写，你在椭圆边上写下了动能项和势能项的和。

"3.角动量守恒，三个分量组成 SU(2)李代数。"

你木讷地笑了，啊？什么是李代数。但你知道，凡是角动量总是满足 SU(2)李代数的，这就足够了。

"4.椭圆轨道是封闭的，相当于说这个椭圆的离心率和长轴是不变的，也就是说，存在另外一个矢量，也就是拉普拉斯—龙格—楞次矢量。"

你只好翻了翻书，然后把这个矢量也写了出来——这个矢量指向了椭圆长轴的方向，因此与角动量矢量垂直。

好了，你把这些东西全写出来，就得到了 SO(4)李代数了。这样，你就不用解偏微分方程，马上把氢原子的能谱求了出来。

电子的能量是离散的，这样子，原子才是稳定的，因此世界才是稳定的。

做完这事情，你的嘴角露出了一丝浅浅的微笑。

在这个意义上，其实你重复了泡利的工作。泡利的这个工作发表在1926年3月，他的这个工作在一定意义上帮助他的师弟海森堡处理了一个真正的物理问题，也是矩阵力学的伟大胜利。那么为什么泡利能够第一个解决这个问题呢？原来，泡利当时在德国汉堡，他有一个同事，叫楞次（Lenz），这个人不是别人，就是"拉普拉斯—龙格—楞次矢量"中的那个人。因此，拉普拉斯—龙格—楞次矢量是用矩阵力学解决氢原子能谱的关键所在。这个矢量也是本书的写作线索之一。

At the end, there was Pauli.

在量子力学的历史上，薛定谔不解微分方程而用代数解法得到了弹簧振子的能谱，泡利用以上的代数的方法得到了氢原子的能谱。做完这些事情的人全是绝顶聪明之人。剩下的量子力学问题居然全不能再精确求解。

总之在经历了一场鏖战以后，最后还是泡利表达出了SU(2)李群——如果你怕自己记不住，可以把它叫做角动量李群。

这个李群也是一个流形，非常好的是，这个流形正好是三维球面。

因此，在以后的章节里，万一我们提到SU(2)，你觉得突兀，彷徨，没有关系，但你的脑子里闪电的一念非常重要，那就是，按照赵本山的语言，无论这个SU(2)李群穿什么马甲，它是一个三维球面。而SO(4)李群是6维的，你可以把它想象成2个三维球面的乘积。这一切数学背后的物理就是，从原子的发出的具有精细结构的美丽光谱线告诉我们时空是4维的。

（4）

空间在人类这个尺度上是3维的，因此万有引力与距离的平方成反比。如果你喜欢勾股定理并且喜欢把它推广到立方和的形式而跌到在地，你仰头看见了费马大定理，这个时候你一定会觉得，平方是那么特殊，而空间是3维的似乎是一个宿命。

维度（dimension）是一个数学概念，豪斯多夫有一个分形维度的定义：存在一个单位几何体，如果把线尺度放大 a 倍，我们得到 b 个单位几何体。那么 b 等于 a 的 n 次方，这样，n 等于 $\ln b/\ln a$，这就是维度。用这个定义，你可以得到一些分数维度，比如对英国的海岸线，你可以得到一个分数维度，这背后的数学被称为分形几何。

如果你时常观察星空，一定会觉得星星在天幕上是稀稀拉拉的。

天幕或者说天球是一个二维球面。星星的分布具有一个分形的维度，这个维度大概是 1.2。因为这个分布的维度小于 2，因此我们看来星星才没有布满整个天球。

我们这里说的是星星在天球上的分布是一个角分布，如果研究星星在宇宙空间的分布，那就是星系的等级成团问题。我们先在这里停住。

（5）

对于时空来说，维度是一个约定俗成的概念。一般地人们总是设想时空的维度是整数。关键是，这个整数是多少？

现实地说，时空的维度当然是 3+1=4。问题在于如何科学地解释这个事情，能不能从某一个理论的作用量出发，来得到这个结论。虽然人择原理可以说明，假如空间维度大于 3，那么地球绕太阳运动和电子绕原子核的运动就不是稳定的，人类就不能出现。人类不出现，就没有人来提出这个问题，既然有人提这个问题，说明时空是四维的，这就是人择原理。但科学家中有很多孤芳自赏的人不能接受人择原理。

2006 年 6 月霍金再次访问中国，我和张宏宝作为湖南科学技术出版社出版的《时间简史》的读者代表在北京友谊宾馆问了霍金两个问题，其中张宏宝就问霍金是否相信人择原理，可惜霍金回答问题非常困难，他需要用眼睛在电脑上打字，耗费大量时间，霍金只回答了什么是人择原理，而其实这个问题的答案,无论霍金说什么,几乎也不是真的很重要。

和霍金在一起

总之,用人择原理来解释时空为什么不是五维或者六维肯定不是一个最好的答案。

（6）

20世纪20年代,卡鲁扎和克莱因的理论把电磁场和引力场一起几何化了。几何化的代价是引进了额外维度——判断一个创立了额外维度模型的人是不是真懂得额外维度的意义,你可以问在他的模型里额外维度的尺度有多大——在卡鲁扎和克莱因理论中,额外维度很小,是紧致的,半径在10^{-33}厘米,这样的话,质子的半径是10^{-10}厘米,所以质子进不了额外维度。在超弦理论中,引进了更多的额外维度,这些额外维度组成了卡丘空间。

在1920年以来,物理学家多数习惯于认为其他三种力也能在额外维度传播。

但膜宇宙引力则抛弃了这个念头,转念认为,只有引力,才能在额外维度传播,其他的三种相互作用只能在膜上传播。膜宇宙引力起源于超弦理论,额外维度可以是n维,n从1取到7,似乎一切皆有可能。2006年,号称是哈佛大学的青年博士陈家忠发表了一篇文章,描述了宇宙在动力学的演化下从11维变成4维。他来到北京师范大学演讲,在做报告的时候,他把11维的量子时空想象成一块放在玻璃板上的豆腐,突然这块豆腐上面又加了另外一个玻璃板,两块玻璃突然相互靠拢,豆腐就被压薄了,变成了一张巨大的豆腐皮——时空因为维度减少,剩余的尺度必须急剧变大,于是宇宙发生了暴胀。在这个版本的故事里,暴胀的发生在于时空的维度发生了变化。这当然是一个非常直观的描述,真实的物理必须解释,为什么存在这样的玻璃板去压迫这块豆腐。

这本质上需要量子引力理论,而非常有意思的是,甚至凝聚态物理也能被用来研究量子引力,在那里,很多东西全是衍生的。量子信息也可以用来研究量子引力。几乎任何一门学科全可以发展出一个量子引力理论来。

当天陈家忠说:任何人都有权利研究宇宙是怎么一回事情。对的,任何研究宇宙的人都需要思考一个问题:时空为什么是四维的。可惜,在大约半年以后,陈家忠在浙江大学访问的时候,被人在方舟子的网站上揭发,称他根本就不是哈佛的博士,他的文章多数也是抄袭别人的著作。当时有一些媒体开始关注他,从此陈家忠在江湖消失。他被认为是中国当代的方鸿渐。方鸿渐是钱钟书小说《围城》里的男主人公,本身没有外国大学的博士学位。

陈家忠特别推崇艾哈买第·内贾德(Arkani-Hamed),后者解释引力为什么那么弱而开始了膜宇宙模型。陈家忠认为,艾哈买第·内贾德非常聪明,简直是天上有地上无的人物。我上本科的时候,霍金在2002年在杭州大谈膜宇宙,这个时候,陈家忠还在西北师范读化学。他的世界和我还没有交集。2004年我大学毕业,我做的本科毕业论文就是膜宇宙引力,依稀知道Arkani-Hamed是第一个膜宇宙模型的提出者,他和其他两个人的模型,叫做ADD模型。但我主要是看另外一个哈佛的美女科学家丽莎·兰多(lisa Randall)和桑德拉母的RS模型。在RS膜宇宙模型里,我们的宇宙被放在并不平坦的反德西特空间里。不过当时我还比较年轻,对宇宙学的看法总是这样的:"千万不要追求一辆公共汽车,一个女人,或者一个宇宙

丽莎·兰多

学新理论,因为 2 分钟后你会等到下一个。"

（7）

　　广义相对论里的爱因斯坦场方程可以被放在任何维度的流形上来求解。广义相对论无法直接的给出一个对时空维度的限制,但前面已经提到过,一个很好的结果是,黎曼曲率可以分解为里奇部分和外尔部分。

　　在二维和三维时空,外尔张量退化了,真空的爱因斯坦引力场没有局部的自由度。而到了四维,引力才开始有了局部自由度。因此,引力自由度的存在必然需要至少四维的时空。

　　也许我们还能找到更多的答案来回答时空为什么是 4 维的这个问题,这些答案可以来自生物学,来自化学,来自数学,甚至来自经济学。

　　如果还要找一个牵强的解释。在杨—米尔斯场的情景下,如果转到欧氏号差,我们会发现,瞬子方程

$$**F_{ab}=F_{ab}$$

在欧氏号差下,*算子的平方的特征值是+1,所以*算子的特征值是+1 或者-1。

我们把满足 $*F_{ab}=F_{ab}$ 的叫做自对偶瞬子。

在这里，霍奇 $*$ 算子只有在 4 维的时候才是共形不变的。但这依然不是一个解释时空为什么一定是 4 维的强有力的说明。

我们还可以列举其他一些不是解释的解释。一般来说，解释时空为什么铁定是 4 维的非常困难，正如每个人全有 10 个手指，但很难解释为什么我们要有 10 个手指，而不是 8 个。

第二十五章　贝肯斯坦

（1）

在阿拉伯世界有一个故事。

从前有一群飞蛾，它们很想知道火焰到底是什么。

第一只飞蛾绕着火焰飞了一圈，它跑了回来，说，火焰很是明亮。

第二只飞蛾过去了，在火焰上烧了一下，它跑了回来，说，火焰很烫。

第三只飞蛾过去了，它投身于火焰之中，它的身子在噼里啪啦地燃烧，它带来了一片璀璨的光辉。

第三只飞蛾明白了火焰到底是什么，但是它已经回不来了。

这是一个动人的故事，每一个想亲身体验黑洞的人，最终会像第三只飞蛾一样，在一个人进入黑洞的时候，他再也不能回来了。我们中的很多人相信黑洞的存在，基于这一点，我们可以谈论黑洞的熵，这是引力和量子理论结合起来的地方。

贝肯斯坦出名的时候还是一名研究生，那是在 1972 年，贝肯斯坦 20 多岁，那时候霍金也还很年轻，30 岁。但霍金已经很有名气了，因为 1969 年彭罗斯证明了第一个奇性定理之后，霍金迅速地跑上去证明了第二个奇性定理，1970 年霍金和彭罗斯合作证明了宇宙奇性定理：在极一般的条件下，按照广义相对论,宇宙大爆炸必然从一个奇异点开始。由此,他们共同获得 1988 年的沃尔夫物理奖。从霍金的经历看来,1959 年 17 岁的他考入牛津大学学习物理,那个年纪要是在中国,他可能刚考进高中。霍金说:"由于物理学制约宇宙之行为,我想探究其底蕴,所以我投身物理学。"三年后的大学毕业考试,他获得一等成绩,由此,1962 年秋天他到剑桥读研究生,他想跟随的导师是霍伊尔,但没有成功,于是他跟上了莎玛,开始研究广义相对论和宇宙学,1965 年获博士学位。他花了 3 年时间就从一个学士变为一个博士,要是在中国,那一般要 6 年的漫长时间,遇见不靠谱的导师,时间则会变得更长一点。

在中国,研究黑洞的赵峥教授于 1943 年出生,与霍金只差 1 岁,两人几乎可能是中国和英国这两个国家黑洞研究的缩影。赵峥在中国科技大学读完大学,就去了东北一个研究所,工作中经常使用 X 射线衍射仪。当时是 20 世纪 60 年代,在中国正在进行文化大革命,没有机会研究黑洞,很多人的命运不为自己掌握。

20 世纪 60 年代和 70 年代的中国,真理属于人类,谬误属于时代。

贝肯斯坦的故事,与一种叫"熵"的东西有关系。

"熵"这个字非常漂亮,秀才读半边,一般人就是不认识也可能知道它的发音,"商"——猜想它与除法有关系。但从字面上看,它与"火"有关系,或者说与温度有关系。没有错,熵 S 是能量 U 与温度 T 的商。

$$S=U/T$$

在微分几何里,是没有熵的,跟一个数学家谈论熵,很可能是对牛弹琴——虽然懂概率的人也可以定义熵。崇尚几何的相对论学家,他的内心相当不服气,于是彭罗斯有了他的外尔曲率猜想,他用外尔张量的自我缩并构成的标量来定义熵密度,这个是非常几何的,当然别的人改进了他的定义。

贝肯斯坦的黑洞熵公式是量子引力的第一个重要公式,在表达式中出现了普朗克常数 h,出现了万有引力常数 G,出现了光速 c,出现了玻尔兹曼常数h。这说明黑洞熵与量子力学有关系,也与相对论有关系,于是,就与量子引力有关系。黑洞熵在普朗克常数h趋向零的时候是发散的,这和微扰量子力学的原理说的不太一样,一般的WKB近似认为,当普朗克常数趋向零的时候,量子力学回到经典力学。换句话说,从这里可以看出来,黑洞熵是非微扰的,它没有经典对应,它可能是一个量子引力效应。

贝肯斯坦提出黑洞熵的那时候在美国普林斯顿大学,是惠勒的博士生。张爱玲说:"出名要趁早呀。"贝肯斯坦和霍金一样,出名很早,算是一个典范。他年轻的时候天高云淡,历史就给了他机会。他1972年关于黑洞熵的研究直到今天还是量子引力研究中最为重要的工作。他和霍金获得的黑洞熵公式不依赖于具体的量子引力理论,却是任何量子引力理论必须满足的,无论是弦论还是圈论,或者扭量理论。

（2）

发现黑洞熵,那是在光辉的1972年。

1972年美国总统尼克松访问了红色中国,中国大陆上到处是红旗和口号。1968年,一个20岁的诗人食指写下这样的诗歌《相信未来》。

当蜘蛛网无情地查封了我的炉台,
当灰烬的余烟叹息着贫困的悲哀,
我依然固执地铺平失望的灰烬,
用美丽的雪花写下:相信未来。
当我的紫葡萄化为深秋的露水,
当我的鲜花依偎在别人的情怀,
我依然固执地用凝霜的枯藤,
在凄凉的大地上写下:相信未来。

137

我要用手指那涌向天边的排浪，

我要用手掌那托起太阳的大海，

摇曳着曙光那枝温暖漂亮的笔杆，

用孩子的笔体写下：相信未来。

我之所以坚定地相信未来，

是我相信未来人们的眼睛——

她有拨开历史风尘的睫毛，

她有看透岁月篇章的瞳孔。

不管人们对于我们腐烂的皮肉，

那些迷途的惆怅，失败的苦痛，

是寄予感动的热泪，深切的同情，

还是给以轻蔑的微笑，辛辣的嘲讽。

我坚信人们对于我们的脊骨，

那无数次的探索、迷途、失败和成功，

一定会给予热情、客观、公正的评定，

是的，我焦急地等待着他们的评定。

朋友，坚定地相信未来吧，

相信不屈不挠的努力，

相信战胜死亡的年轻，

相信未来，热爱生命。

国内有一个批判相对论的小组，这个小组在文革过程中为了消灭掉爱因斯坦的理论，对相对论进行了研究。

早在20世纪60年代，英国的霍伊尔就在BBC的广播里每天晚上大讲相对论啊外星人啊，在英国那是一个科普的60年代，那些夜晚是美妙的，震撼人心的。不晓得霍金有没有听到广播，1962年快要在牛津大学毕业的霍金，申请去剑桥大学攻读宇宙学博士学位，他心目中的导师就是霍伊尔。

但是后来剑桥大学安排给他的是一位他从没有听说过的导师丹尼斯·莎玛（Denis Sciama），霍金将这视作灾难，可见霍伊尔当时确实非常出名，是当时相对论领域的一面旗帜。在中国，缺少当年霍伊尔这样的讲座。

1970 年霍金发现一个黑洞的动力学性质，如果两颗黑洞碰撞并且合并成一颗单独的黑洞，围绕形成黑洞的事件视界的面积比分别围绕原先两颗黑洞的事件视界的面积的和更大，这相当于说 1+2>3，这样的记号不能往死里理解，正如歌德巴赫猜想不是真的要证明 1+1=2。霍金的这个发现是基于面积不减定理：稳态黑洞的视界面积随着时间不能减小。因此一颗黑洞的事件视界面积和热力学的熵很类似。热力学第二定律说，孤立系统的熵总是随时间而增加。如果把黑洞的面积理解成为熵的话，那么这一切就很漂亮，霍金的"面积定律"，即稳态黑洞的"视界"的面积随时间永远不会缩减，这似乎与热力学第二定律有异曲同工之妙。但黑洞动力学可以当作黑洞热力学吗？当时的霍金还没有这样的意识。

霍金认为既然稳态黑洞的绝对温度为零，也就是说黑洞没有温度，那它就不可能有熵，所以他肯定黑洞的视界肯定与热力学的熵没有关系。

一个没有温度的物体没有了热力学性质，谈什么熵呢？

（3）

但是贝肯斯坦有一天对他的导师惠勒教授说："黑洞视界的面积不只是接近黑洞的熵——实际上就是黑洞的熵。因为……"

因为什么呢？

假如黑洞存在，就在你的办公室里，你把一杯开水倒进黑洞里，那么杯子里的熵就减少了，这是违背热力学第二定律的，所以只能把黑洞和杯子看成一个整体，熵没有减少，而是跑到黑洞里去了！！

多么简单的想法啊，但就是这个想法，标志着量子引力时代的正式来临。

惠勒对贝肯斯坦说:"你的想法有点大胆而疯狂,但很有可能是对的,那么你就拿出去发表吧!"于是贝肯斯坦在1973年的《黑洞热力学》一文中正式发表了自己的观点。注意,这个文章的题目看上去是前无古人的,是关于黑洞的"热力学",不是动力学。这里面有一个在霍金看来很不爽的"热"字。

霍金严重地不相信,他和巴丁、卡特立即在1973年2月的《数学物理通讯》上发表了经典的论文《黑洞力学中的四个定律》,反驳了贝肯斯坦。这个反驳的文章思路很清楚,是霍金那简洁明了风格的写照,也算是广义相对论研究的集大成之作。他完整地写出了黑洞动力学的4个定律。情景完全类似于牛顿的3个运动定律。

黑洞动力学第零定律:稳态黑洞的表面引力在视界上是常数。

黑洞动力学第一定律:稳态轴对称黑洞质量M,事件视界面积A,表面引力k,角动量J,角速度Ω满足一个关系,$dM=kdA+\Omega dJ$。

黑洞动力学第二定律:事件视界面积在演化中不会减少。

黑洞动力学第三定律:不可能通过有限次操作把黑洞表面引力降为零。

但是,这4个定律,其实越看越像是热力学定律。

第一定律一看就知道和热力学第一定律很相似,也就是能量守恒定律,只要把k看成温度,A看成熵就行。第二定律是霍金之前的结果,它不允许单个黑洞分裂成为两个,而且要求两个黑洞碰到一起形成的新的视界面积一定要大于原来面积的和。第三定律并没有严格的数学证明,但是有些很强的证据,它与从旋转黑洞里提取黑洞转动能的彭罗斯过程有关系,彭罗斯过程可以降低表面引力,但是当表面引力越来越低的时候,彭罗斯过程的效率也越来越低,趋于零。这在热力学里就是说,绝对零度是不能达到的,也就是能斯特定理。

但从这样的相似性里还不能断言,这四个黑洞力学公式就是黑洞热力学的定律。

因为黑洞是一个绝对的黑体,它的温度为零,无论什么样子的辐射它全能吸收，所以它的熵要是存在，那一定是无穷大。所以霍金他们确定：黑洞动力学和热力学定律的相似只是表面的。

表面相似而实质不一样的东西很多，正如地震波和股票震荡全是波动，但很少有人能把它们等同起来。研究波动可以用功率谱分析，可以用小波分析，可以用时间序列分析，同样道理，面对黑洞力学性质和热力学的相似性质，人们需要一定的数学物理能力来等同这两个事情。

（4）

贝肯斯坦后来回忆说："在那些日子里，经常有人告诉我走错了路，我只能从惠勒教授那儿得到安慰，他说，'黑洞热力学是疯狂的，但疯狂到了一定程度之后就会行得通。'"开始霍金对初出茅庐的贝肯斯坦根本不放在眼里，但是，最后的意外是：贝肯斯坦对了！

贝肯斯坦的直觉是正确的，但他同时是幸运的，因为他的想法其实不是最深刻的，甚至有一点天真。他要想服众，必须说明一件事情，那就是黑洞不是零温的，这样的话，黑洞才可能具有有限的熵。1974 年初，还是霍金帮了贝肯斯坦一个大忙，霍金把量子力学用到黑洞领域，并非常惊讶地发现，黑洞似乎以恒定的速率发射出粒子。这一次，霍金简直成了神。

以前的经典广义相对论认为黑洞不能发射粒子。但当量子力学加进来的时候，黑洞正如同通常的热体那样产生和发射粒子，这热体的温度和黑洞的表面引力成比例并且和质量成反比，它的辐射谱是热谱，所以辐射不带有任何有意义的信息。但这使得贝肯斯坦关于黑洞具有有限的熵的论点站住了脚，黑洞以某个不为零的温度朝外辐射。

因此我们要审视霍金的经历。1965 年 7 月霍金一拿到博士学位就与简结婚。1970 年他得靠四腿的架子才能走路。1972 年他开始使用轮椅至今。1985 年他第一次访问中国，在中国科技大学和北京师范大学做了报

141

告,回英国后因为严重的肺炎做了气管切开手术,保住了生命,但从此失去声音。此后他依靠为他专门设计的一台语音合成器来说话,通过握在手上的开关控制计算机,一分钟最多可以造一个简单句子。虽然很艰难,但霍金却十分幽默而乐观地用这一系统进行语言交流,写论文和著作。也许是他写文章不容易,所以读他写的文章,感觉非常干净,一般不给人乱糟糟的感觉。可能,1998 年是霍金最后的创作时期,他写了很多文章,在预印本文库(www.arxiv.org)查一下,那是他文章最多的一年,他在 1998 年 11 月的文章是关于 ADS/CFT 对偶的,他研究了反德西特空间里的克尔黑洞的热性质。之后是 2002 年霍金大谈膜宇宙,2004 年他在都柏林制造新闻,大谈黑洞辐射的信息守恒问题。在一个时空区出现黑洞了以后,等黑洞完全蒸发了,从彭罗斯图熵可以看出,黑洞蒸发后的时空的柯西面比之前的柯西面小了,也就是说,之前的一部分信息进入了黑洞但没有在黑洞蒸发的时候出来。黑洞辐射的信息守恒问题科普地说大体是这样的:假如进入黑洞的是一个胖子,那么辐射出来的还是不是一个胖子,他会不会变成一个瘦子。

因此霍金能成为相对论领域和量子领域大家都愿意接受的科学大师,一半是因为他把广义相对论和量子理论结合起来了,另外一半就在于,他把科学普及到了大众能初步理解的水平,因此,他的任何声音都不能被忽视,包括他的婚姻和他对中国女性的评价。

（5）

到这里读者可能还是模糊的,到底什么是熵呢?

也许直接地说,熵就是一个宏观状态所可能对应的很多微观的可能性。

也许可以打一个很不确切的比喻。在一般情景下,假如一对男女在不采取避孕手段进行性行为,这是一个确定的宏观运动,那么微观运动就是一个卵子和一亿个精子的幽会——这是一个很不确定的过程,女方可能会怀孕,可能不会,可能会怀上一个男婴,也可能是一个女婴,可能是一对双胞胎,但你也不能确定是不是龙凤胎,还可能是多胞胎……

总之,人们因为在某个时候遇见非常多的可能性的时候,就可以定义出一个熵来。因此从某种意义上来说,熵就是微观状态的指数,或者说就是微观自由度。

圈量子引力的代表人物罗维林(Rovelli)在1998年用圈量子引力得到了黑洞熵的一个说明,他的证明过程非常清晰,大体上是对的,用的方法居然是组合数学里的整数拆分和斐波那契数列。当然这不全是在圈量子引力里对黑洞熵的证明。圈量子引力认定空间的离散化,这就是著名的自旋网络(spin network)。

关于空间离散的直觉是非常正确的。不但空间是离散的,面积也是离散的。离散的面积有很好的量子本征谱,也就是存在最小的面积单位——几乎就是普朗克长度的平方,但这个比例系数其实很重要,因为它里面包含了一个重要的易米子(Immirzi)参数。黑洞视界的面积除以这个面积单位就是黑洞熵所对应的微观自由度了。

圈量子引力对黑洞熵的说明被认为是一个有重要意义的突破。这个理论将在后面娓娓道来。

SL(2,C)群是固有洛仑兹群的二重覆盖,前者是SU(2)群的复化,所以这个群可以把相对论和量子力学通过旋量整合起来——这就是彭罗斯得到自旋网络的原因,当然他没有走向圈量子引力,而把机会留给了艾虚特卡。彭罗斯走向了一条更加生僻的道路,扭量理论,这是相对论阵营的第一次分道扬镳。

总之,圈量子引力是基于广义相对论的量子引力理论,后来它关于黑洞熵的说明引得了世界性的注视。当然这也许是一场炒作,因为很多人不太相信圈量子引力是一个成熟和有意义的物理理论,不过在我看来,面积离散化总的来说是一个很直观的量子理论。

以后有重要影响的工作是霍金的学生泊梭(R.Bousso)等人研究的熵界

143

（entropy bound）和全息原理。关于熵的故事还有很长很长，实际上熵象征着人类对微观世界的把握近乎于无知的程度，因此，这个故事越长，显得人类越来越有希望。

黑洞熵最好的寓言就是让我们勇敢承认自己的无知而不以为耻。

如果你还是一个孩子，请你用稚嫩的笔痕写下：

熵=无知。

第二十六章　爱因斯坦流形

（1）

我们先来看看爱因斯坦和荷兰的德西特教授的一些交往。

1916 年春天，从荷兰的莱顿大学寄到英国剑桥大学的信笺中有一份《广义相对论基础》单行本。皇家天文学会的通讯会员德西特教授，刚从爱因斯坦那里收到这篇论文，就把它寄给了剑桥的爱丁顿教授，后者是皇家天文学会的学术秘书。爱丁顿一眼就看出，这篇论文具有划时代的意义。他马上开始研究广义相对论，同时请德西特写三篇介绍广义相对论的文章，发表在皇家天文学会的会刊上。这三篇文章，引起了英国科学界的广泛注意。德西特也迅速地进入了爱因斯坦开创的相对论领地，他建立了和爱因斯坦和爱丁顿的友谊，这从他们合影的照片里可以看出——在这张照片中，中间的小矮个爱伦菲斯特后来有 2 个学生提出了电子自旋的概念，为荷兰科学界赢得了荣誉。德西特在 1917 年就得到了爱因斯坦的方程带宇宙项的最大对称解，这个解就是著名的德西特宇宙。德西特宇宙是一个永远暴胀的宇宙，因此可以描述宇宙极早期的暴胀阶段。这个解，其中包括了正的宇宙学常数项。正的宇宙学常数能产生负的压强，所以能产生与引力不一样的排斥力。因为德西特宇宙是最大对称的时空，因此它的外尔

第一排从左至右是：爱丁顿和洛伦兹；第二排从左至右是：爱因斯坦、爱伦菲斯特和德西特。照片拍于 1923 年 9 月的荷兰莱顿天文台

张量为零。换句话说，德西特宇宙没有牛顿极限。

读者们只需要记得，一个没有外尔张量的时空是不能用牛顿引力来做近似的。说得更加直白一点就是，很多宇宙模型不是渐近平坦的时空——不是一个孤立的引力体系。因此，牛顿引力那种中心力场的模型是无能为力的。

如果不考虑宇宙学常数，在时空上某点没有物质，那么这点的里奇张量为零。如果要考虑里奇张量和度量张量在每一点上成正比的情景：

$$R_{ab} = Cg_{ab},$$

在这里，C 就是比例常数。这个常数几乎就是现在的物理学家嘴巴里经常嘟嚷的宇宙学常数。

满足这样的关系的流形叫做爱因斯坦流形。这时候的度量 g_{ab} 就叫做爱因斯坦度量。

一开始，爱因斯坦方程是不带有宇宙学常数项的。但后来爱因斯坦为了得到永恒不变的宇宙加入了这一宇宙学常数项。爱因斯坦加了宇宙学常数项以后，对它的热情却不断消退，但德西特教授却把爱因斯坦方程放到最大对称的流形之上，就得到德西特宇宙，这是一个没有物质只有宇宙学常数的时空，因此德西特宇宙也满足 $R_{ab} = Cg_{ab}$,，其中 C 是常数，于是，事情就变得很有意思起来。

（2）

德西特教授做梦也不会想到，他自己的名字将在现在这个时代成为热门名词。据说新华字典要加进去一个词"民生"，以表示新华字典具有与时俱进的品质。而在宇宙学的当代词典之中，德西特简直可以成为封皮。

但我们还是要强调相对论与数学的关系。

爱因斯坦与格罗斯曼合写的论文《广义相对论和引力理论纲要》发表后，相对论已经在语言上与微分几何很靠近了，因为格罗斯曼本身就是一个数学家。现在在相对论界还有一种年会，叫格罗斯曼会议。这应该是为了说明相对论与数学界有很亲密的关系。1922 年爱因斯坦访问了日本，他在京都发表演说："……但是舍几何而就物理，就好像失语的思考。我们在表达思想之前必须先找到语言。……我突然发现高斯的曲面论正是解开这个奥秘的钥匙。……但我不知黎曼已经深刻地研究了几何的基础。"

当时爱因斯坦找格罗斯曼帮忙到图书馆查阅是否有一种几何可以处理爱因斯坦思索的问题，格罗斯曼第二天就回话给他，说确有如此的几何——黎曼几何。

黎曼几何实在是天才的绝唱，但在 1854 年他提出了微分几何后，一直要到 1916 年爱因斯坦把微分几何引进广义相对论作为数学工具以后，这个绝唱才得以广为演奏。这无非说明，好的工作可能被埋没，但天才之间能相互感应，这一点在阿贝尔和伽罗华之间也能看得出来。爱因斯坦和黎曼是数学物理的两位伟人，爱因斯坦在微分几何上留下了痕迹，比如爱因斯坦求和约定，以及爱因斯坦流形。

现在的宇宙，看起来膨胀的速度没有那么快了，也就是说，暴胀早已经结束了，虽然没有人知道暴胀为什么能那么体面地结束自己的历史使命。

现在的宇宙用 RW 度量来描述，假定宇宙的空间是三维球面，那么就属于$K>0$的情况。它的空间部分拓扑是三维球面。这个三维球面具有最大对称性,就是所谓的宇宙学原理。而德西特时空的空间部分也是三维球面,但它不但空间上有最大对称性,而且整个时空具有最大对称性。具有最大对称性的流形,意思是说它上面不但有度量,而且度量还有最大的对称性,也就是存在最多的凯林矢量场,凯林矢量场的个数必须是尽量地多,多到不能再多的程度,那就是最大对称了。数学表明,一个n维流形最多可以允许$n(n+1)/2$个凯林矢量场。所以对德西特时空来说,$n=4$,它显然具有10个凯林矢量场。4维的时空,具有最大对称性的只有3种,一种是德西特时空,一种是反德西特时空,最后一种就是闵氏时空。这三个时空好像是三兄弟,为什么有这三个兄弟的出世呢?原因还是在于爱因斯坦引进了宇宙学常数,要是没有爱因斯坦,人们只认识这三兄弟里的其中一个。因此1950年代钱德拉塞卡遇见神甫天文学家勒梅特,问他:"爱因斯坦的广义相对论对物理学最大的意义是什么?"勒梅特居然先知先觉地说:"宇宙学常数的引进!"——宇宙学常数问题已经是21世纪最大的物理问题之一。

（3）

反德西特时空具有负的宇宙学常数,是最受人们喜欢的,它好像一个年纪很轻的姑娘,不晓得为什么那么多人喜欢她,总有大量的人跑上来大显殷勤。1997年,年轻的马德西纳(Maldacena)发表了关于弦论和规范理论对偶的著名文章。马德西纳(那时他还在哈佛大学)首先推测,在反德西特时空上存在ADS/CFT对偶,这之后超弦生动了,因为这暗示着美丽的全息原理是正确的。此后,美国新泽西州普林斯顿大学高级研究院的威滕及普林斯顿大学的玻利雅可夫(Polyakov)等人在多种情况下证实了该推测。现在已经确定在多种不同维数的时空上都存在着这样的全息原理。

带宇宙项的真空爱因斯坦方程是

$$R_{ab}-1/2Rg_{ab}+Cg_{ab}=0$$

其中，C是宇宙常数。但R在一般情景下不是常数，它是里奇标量，是一个函数，也就是点点取值不一样。要它成为常数，需要流形是最大对称空间。（反）德西特空间是最大对称的，R成了常数，所以它就是一个爱因斯坦流形了。

2004年的秋天，天空寂静，引力波也许在遥远的天边荡漾，很多人在寻找引力波，这个时候我刚上研究生，刘辽教授做了一些研究，他试图证明在德西特时空背景之下没有引力波的存在。以前的人们研究引力波，总是在闵氏时空之上进行的，他们把弯曲度量在闵氏时空背景上微扰展开，然后只计算到一阶，得到一阶微扰满足波动方程，其实微扰到二阶可以看得更远——引力波对时空具有反作用。既然可以在在闵氏时空背景上微扰展开，那么就可以在(反)德西特时空背景上微扰展开。

很多相对论学家、引力学家、实验物理学家，全在拼命地寻找引力波，因为这确实是一件大事。但引力波迟迟没有被找到。1969年的时候，韦伯在PRL上发表文章，说他确认找到了引力波，他还说：只有死鱼才顺着潮流漂流。但他的实验不能被人重复，所以他找到的引力波是真是假，大家也很是怀疑，这就是生活——有的时候，你做的实验不能被人重复，大家就会怀疑你的人品。1978年马上就到了，另外一个天文学家泰勒把他观测双星的结论公布于世，他发现按照引力辐射的规律，双星的轨道衰减可以被预言。于是他得到了诺贝尔奖，证书上说：他对天文观测和双星系统有很深的造诣，似乎可能大概也许这简直是引力波存在的明证。泰勒的工作在国内也引起了反响，有几个小组做了类似的计算。

可惜，直接观察到引力波似乎还是无法实现的事情。

以前爱因斯坦的狭义相对论，是在闵氏时空上建立的，也就是说，狭义相对论在闵氏时空的等度量群（庞加莱群）下不变。之后才有了广义相对论。但是，闵氏时空天生有它的两个兄弟，这两个兄弟在出生的时候就走散了,现在这两个兄弟已经找回来了,假如时光回到1905年,爱因斯坦当然也可能在德西特空间上建立了狭义相对论,因为德西特空间具有SO(1,4)的等度量群,中科院的郭汉英教授等人尝试建立SO(1,4)不变的狭义相对论,这究竟是对1905年之后的那段历史走向另外的岔道的重新演绎还是完美的物理,需要未来的验证。

（4）

在数学上,满足$R_{ab}=Cg_{ab}$的流形就是爱因斯坦流形。很重要的一点是,并不是任意流形上能够赋予爱因斯坦度量g_{ab},这是因为背后有拓扑限制,正如在紧致流形上不一定能赋予洛伦兹度量,也就是不一定能成为一个"时空"。所以,把一个四维球面当作一个"时空"是一件值得嘲笑之事,虽然霍金可以在虚时间里实现这个时空。在这个书里面,已经说过,"时空"要求其欧拉数为0,四维球面的欧拉数是2。爱因斯坦流形天然地吸引了数学家,因为它有很美的性质,比如它的无迹里奇张量,$Z_{ab}=R_{ab}-1/4Rg_{ab}$天然退化。这在四维流形和塞伯格－威滕理论研究中是一个方便的地方。

希钦(Hitchin)和索普(Thorpe)分别对四维流形上爱因斯坦度量的存在给出了拓扑的限制,这个限制是一个不等式。这一拓扑限制对几何学家来说是自然的,但要证明他们不是一件简单的事情。物理学家对爱因斯坦流形的数学兴趣不大,但德西特时空正是爱因斯坦流形,它对于物理学家来说,却是一个巨大的蛋糕。

（5）

在每一个城市的天桥上你可以遇见摆地摊下象棋的人,你问他什么是博弈,他未必知道;你问他什么是混沌,他也许一脸懵懂;你问他未来是不是可以精确预测,他一定是露出无辜的笑容。但他的脑子里也许有全部象棋残局的棋谱,这就已经足够了。

现在你正在阅读一本关于相对论的书,等你读到这个时候,如果你的脑子里还是觉得莫名其妙,那未必是你的错,但肯定是著者的错。

因此,著者企图一再教会你一两招相对论里的残局技巧,让你拥有一本也许残缺不全的棋谱,却从此可以江湖卖艺。

这本棋谱的要点如下:

0.行星轨道是椭圆这是一个近似,椭圆的背后有一个龙格—楞次—拉普拉斯矢量。

1.时空弯曲由黎曼张量刻画。

2.黎曼=外尔+里奇。

3.外尔张量象征没有物质时候的引力。外尔张量可以做代数分类。龙格—楞次—拉普拉斯矢量在克尔时空几乎就是卡特常数。

4.里奇张量象征有物质时候的引力。

5.可以用光线来确定时空的几何。

6.类光矢量开平方得到二分量旋量。

7.在扭量计划里光线空间可以代替时空。扭量是"扭转光线的力量"。

8.德西特时空具有最高对称性。对称性的高低取决于凯林场的数目。

9.远离黑洞的空间区域是渐近平坦的。

10.关于时间的开始这是一个量子引力的问题。

以上就是一本相对论的棋谱,虽然下象棋的人往往是当局者迷,但是这棋谱也必然带有偏见。本章结束以后,本书要转而谈论以上列举的第7点和第10点。

第二十七章 四元数

（1）

广义相对论是一副绝世名画，当欣赏这个画的时候，有的人看不太懂。以为这个是凡高的画，你横直看不懂的时候，除了赞美之外只能保持缄默不语。而相对论的历史发展却不能停止，当代还活着的广义相对论画家中，彭罗斯却一意孤行，并有了很高的见地。从他的旋量手法出发，他几乎一个人做出了扭量（twistor），这是一个曲高和寡的计划。在扭量计划中，一直以来物理学家习惯的时空点不再是最基本的，光线取代了时空点的地位。这确实是疯狂了，凡高因为他的疯狂割掉了自己的耳朵，最后还饮弹自戕。这是一种艺术的疯狂，而彭罗斯浑身充满了科学的理性的色彩，他生活在优美的世界里，有美丽的妻子、安静的日子。

会画画的人多数知道射影几何。当一个画家站在野外写生的时候，画板竖立在面前，画家看到一对平行的铁路线，当画在纸上的时候，所有跟铁路一起平行的线应该在纸上交于一个点的。

光线是世界上最重要的因素。在前面已经看到，上帝说要有光，于是就有了光。同时，人类是有眼睛的生物，眼睛是最伟大的生物器官之一，眼睛能够对光线做傅里叶变换，使得我们看到的世界是五颜六色的。上帝对多数人足够仁慈,他不曾考验多数男人,出过二难绝境:如果让你选择失去眼睛,或者失去男根,二选一,你将做何选择?

人的眼睛是很重要的,这是审美的工具,也是这个世界有意义的大部分理由。一条光线从远处跑来,它一路经过了很多时空点,但在视网膜上仅仅是同一点。在扭量计划中,通俗地讲,视网膜相当于扭量空间。

所以,眼睛是心灵的窗户,这句话背后完全有数学的基础。人类通过讲废话达到相互确认,但心灵上总是感觉空虚,这原因在于,多数废话背后没有数学的基础。

在闵氏时空有一个点 R,也称为一个事件(event),当选择好一个参考点作为原点后,需要 (t,x,y,z) 四个实数来刻画。而这个点的四个实数相对于一个原点,构成了一个四维矢量。这个四维矢量背后,有一个美丽的故事。

对于三维矢量,矢量之间可以定义叉乘,矢量 A 和矢量 B 的叉乘的几何意义是以矢量 A 和矢量 B 为邻边的平行四边形的有向面积,方向与 A 和 B 都垂直。这不是一件平庸的事情。也仅仅在三维中,一个矢量和另外一个矢量的叉乘,得到的还是一个三维矢量。

（2）

威廉·哈密顿,历史上最伟大的数学家之一。

1805 年 8 月 3 日,他出生于爱尔兰的都柏林,1865 年 9 月 2 日卒于都柏林附近的敦辛克天文台。哈密顿是一位罕见的语言奇才。14 岁时就学会了 12 种欧洲语言。13 岁就开始钻研牛顿和拉普拉斯等人的经典著作。17 岁时掌握了微积分,并在光学中有所发现——总之,这一切全可以归结为哈密顿—雅可比方程。22 岁时他大学还未毕业就被聘为就读的都柏林三一学院担任教授,同时获得"爱尔兰皇家天文学家"的称号。哈密顿在物理学和数学领域里都有杰出的成就，他是一位勤奋工作而酷爱真理的人，换句话说，他从来不希望与真理擦肩而过。

四元数是 1843 年由哈密顿在爱尔兰发现的。爱尔兰有一个很多人熟悉的英雄——威廉·华莱士。在电影《勇敢的心》中，有一柄长剑，叮地插在大地之上，长剑在风中微颤，你仿佛听见爱尔兰的英雄在高呼：Freedom！

在通往数学的自由或者奴役的道路之上，哈密顿的四元数是一个丰碑。从物理学上讲，它就是非相对论性自旋的泡利矩阵，有了泡利矩阵，就有了 2 分量旋量，所以天才总是相互感应。而有了泡利矩阵，才有了扭量，这亦是自然的事情。

当时哈密顿正研究扩展复数到更高的维次（复数可视为平面上的点）。他不能做到三维空间的例子，但四维则造出四元数。根据哈密顿记述，他是于 10 月 16 日跟他的妻子在都柏林的皇家运河散步，突然灵感扑面而来，他在桥上写下了四元数的乘法表。

都柏林的金雀花桥，可惜哈密顿已经离开

这是一个普通的桥，它以前的名字叫布鲁穆桥（Brougham Bridge，现称为金雀花桥 Broom Bridge）。现在桥头有一个小的纪念碑，上面镌刻着：

Here as he walked by

on the 16th of October 1843

Sir William Rowan Hamilton

in a flash of genius discovered

the fundamental formula for

quaternion multiplication

$i^2 = j^2 = k^2 = ijk = -1$

& cut it on a stone of this bridge

哈密顿创造了把四元数描绘成一个有序的四重实数：一个标量（a）和向量（$bi + cj + dk$）的组合。

根据四元数的乘法表，它将复数作为特殊形式包含在自身之中，它属于超复数。但这种数对乘法的交换律不再成立，哈密顿为此考虑了十几年，最后直觉地想到：必须牺牲交换律。于是第一个非交换律的代数诞生了。在以前的乘法中，乘法是交换的，比如从小学数学开始，没有人告诉你为什么 $1 \times 2 = 2 \times 1$，但这背后其实埋藏着无穷秘密。哈密顿的这个创造，把代数学从传统的实数算术的束缚中解放出来，人们开始认识到数学既可来自现实世界的直接抽象也可以来自人类的思维的自由创造，这种思想引起了代数学领域的一次质的飞跃，现代抽象代数的闸门被打开了。

我们知道，SO(n)群中，只有 SO(4)不是单李群。也只有在四维之上，霍奇算子能把曲率映为曲率。也只有在四维欧空间之上，唐纳森发现了无穷多微分结构。圈量子引力被人诟病，因为它不能回答为什么时空是 4 维的，但上帝似乎在冥冥中有所暗示。

在 19 世纪到 20 世纪，哈密顿之后，物理学家洛伦兹写了一本很薄的书，书的名字是《电子论》，当时还没有发现电子。这是历史上一个伟大的事情，虽然洛伦兹不是最出色的，但人们应该注意到，在洛伦兹力公式中出现了点乘与叉乘。

155

这个是一个经典电动力学里的假设,但可以相信,这个假设说明,在四元数中,结合方法必须既有点乘又有叉乘。这个假设是被实验证实的,所以洛伦兹是伟大的。

电磁理论与四元数的结合是自然的,天然的,同时是微妙的。因为电磁场在4维时空才是天然的。

（3）

人心深处究竟能有多少暗藏的学术秘密?

我们知道一个3矢量与一个3矢量的叉乘,但不知道如何把这种叉乘推到高维。能不能做到呢? 格拉斯曼(Grasmann)生于德国斯德丁(Stettin,今属波兰),他曾经在柏林大学攻读神学,哥廷根大学没落之后,柏林大学似乎已经成为德国最出色的大学。格拉斯曼大学毕业后长期在家乡中学任教,业余从事科学研究,成为梵文权威和数学家——现在中国的很多中学教师,因为工作太辛苦,除了创造人类,已经几乎没有别的时间来发明新的数学。1844年格拉斯曼发表《线性扩张论》,建立了所谓的"扩张的量"(即有 n 个分量的超复数)的概念和运算法则,其中包括了非交换乘法和 n 维空间的重要思想,形成了张量理论的初步思想。

格拉斯曼代数又叫外代数,超对称代数就是由庞加莱代数与外代数组成的。

柯里福德(Clifford)代数已经是当代数学家讲旋量必需的出发点之一,数学家不讲这个而谈旋量显得有点不够清高,从而被数学同僚鄙视。n 维矢量空间上的外代数和 n 维矢量空间(含内积)上面的柯里福德代数具有相同维数,全部是 2^n 维。这样的话,作为有限维的矢量空间,它们是同构的。但作为代数,它们不是一样的事情。柯里福德代数比外代数复杂一点,或者说,前者是后者的量子化或者畸变——如果你对这句话非常好奇,可以参考候伯元兄弟俩写的书《物理学家用微分几何》（这是一本好书，但书名很奇怪，家用微分几何，感觉和家用小轿车一样，买的时候一定要想清楚了。）。

总的来说，外代数很重要，因为外微分很重要。柯里福德代数很重要，因为我们有复数，有四元数，我们希望推广到更加高的维数，但一般的代数，到了八元数就终结了，要找新的代数，只能去发现柯里福德代数了。旋量最早起源于嘉当。旋量与群论关系密切，但也可以说与柯里福德代数关系密切。比如物理学家略兴林教授编写的《高等量子力学》把狄拉克矩阵乘起来的16个矩阵叫做狄拉克群，其实这就是一个柯里福德代数。

旋量具体来说就是 n 维度量空间上的正交群的表示。最简单的莫过于三维欧氏空间的转动群 SO(3) 的表示了，其最低维的双值表示便是二维的旋量表示，它也是转动群的通用覆盖群的 SU(2) 单值表示。把这个结果推广到一般维数的空间，当维数为 6 时，SO(2,4) 的旋量表示便是扭量，这是从抽象的代数语言来说扭量。扭量如何在时空点和光线空间实现对应呢？

彭罗斯，背后的黑板上画的是扭量理论中的罗宾逊线汇

对应的关键在于把 4 个泡利矩阵写出来，然后把四矢量的第 i 个分量和第 i 个泡利矩阵相乘，求和得到一个 4×4 的矩阵

$$\begin{pmatrix} t+z & x+iy \\ x-iy & t-z \end{pmatrix},$$

数学家们对这个矩阵是不陌生的,尤其是中国的数学家,只要读过华罗庚教授的书《从单位圆谈起》中写狭义相对论的那一章,你就会感叹,人心深处是何其相似。

那么,一个扭量(z^0, z^1, z^2, z^3)满足如下对应(Incidence)方程。

$$\begin{pmatrix} z^0 \\ z^1 \end{pmatrix} = \begin{pmatrix} t+z & x+iy \\ x-iy & t-z \end{pmatrix} \begin{pmatrix} z^2 \\ z^3 \end{pmatrix}$$

这个对应方程里z^0, z^1, z^2, z^3全是复数,所以一个扭量就是4个复数,所以扭量空间就是4维复平面,但考虑到等价类,就可以得到射影扭量空间,这与前面讲的电子自旋和黎曼球面是类似的。对应方程顾名思义是把一个时空点对应成为一个扭量,一个时空点在射影扭量空间中被对应为一个黎曼球面,一条光线在射影扭量空间中被对应为一个点。

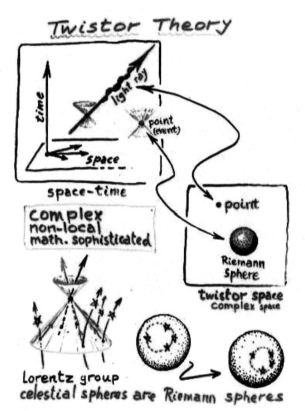

一个时空点在射影扭量空间中被对应为一个黎曼球面,一条光线在射影扭量空间中被对应为一个点(彭罗斯/画)

和爱因斯坦方程一样扭量理论也是一副名画，如果你愿意，可以把它想象成梵高的画作《星夜》。但不专业的读者们可以暂时忘却它，不能忘却的是，扭量理论中最重要的是光线，光线最重要。对对应方程求导一次，就可以得到扭量方程。

在广义相对论中，光线是以光速运动的无质量粒子的世界线。而在扭量理论中，我们还可以考虑这个无质量粒子的自旋。对于多数人来说，光线意味着光明。对于搞光导纤维的物理学家来说，光线有不同的相位差，有不同的模式。对经典广义相对论学家来说，光线意味着光线在引力场中扭转，意味着光线可以取代时空点。

第二十八章　扭量方程

（1）

斯莫林曾经这样说过："彭罗斯是一个英雄。"

一个英雄能做的事情,有的时候就是独步遥登百丈楼。

1994 年在英国剑桥大学牛顿数学科学研究所举行了一次相对论历史上最著名的辩论。辩论被认为是爱因斯坦与玻尔之间的争论在 60 年后的延续。一甲子的时光,沧海桑田,大地也换了新颜,但相对论和量子论的争论没有停止。辩论的双方是彭罗斯和霍金。霍金因为在 1970 年代把量子理论引进相对论,得到了著名的黑洞辐射,而确立了一个山头的霸主地位,所以他的后 2 次演讲的题目是《量子黑洞》和《量子宇宙学》,在气质上,他似乎是玻尔再现。那次辩论 10 年后的 2004 年,霍金似乎在没有成熟的思想准备的情景之下在都柏林大放厥词,说:"黑洞辐射中,信息守恒。"那确实让都柏林沸腾,第 17 届引力大会因为霍金的一句大话变得异常亢奋。在场的很多人期待着霍金对他自己的言辞负责,这是 2004 年的夏天,这个夏天似乎人们全在等待这个轮椅上的大人物对未来的发展做出必要的指示。跟霍金打赌的那个波里斯基(Preskill),他得到了霍金送来的百科全书。他赢得很懵懂,说:"我,我不知道自己为什么赢了。"这个世界似乎因为霍金显得荒谬起来。但生活在继续。

波里斯基在和霍金打赌的问题上莫名其妙地胜利了，他赢得
了象征着信息守恒的百科全书

（2）

10年前的那一次辩论，彭罗斯就像一位羽扇纶巾的诗人，他继承了牛津数学物理的古典主义色彩，他和爱因斯坦一样坚信：量子力学理论虽然成功，但它最终是没有意义的。

何谓意义？

叔本华说："人生是空虚和无聊之间的钟摆，欲望得不到满足，他就空虚，欲望得到满足，他就无聊。"

萨特说："存在就是虚无。……他人就是地狱。"

卢梭说："人生而自由，却无时不在枷锁之中。"

这种感慨不是书斋里的无病呻吟，而是那些哲学家为寻找意义而痛哭流涕的独白。数学家和物理学家也有自己的哲学，尤其是学习过量子力学的物理学家，多数对世间百态有不同的认识和理解。本质上，在这个世界上只有两种人，一种人完全不懂量子力学，另外一种人知道自己不懂量子力学。后者在人群中凤毛麟角，比如物理学家费曼，他发明了路径积分，但他说："我可以负责任地说，没有人懂量子力学。"在 20 世纪 90 年代，温伯格（Weinberg）有一次和得克萨斯大学的物理教授菲利普（Philip）在等电梯时闲聊，温伯格问为什么一个很有前途的年轻物理学家后来不见了，菲利普摇摇头说："因为他想弄清楚量子力学。"

所以，量子力学是一门非常让人费解的学问。虽然量子力学波函数的概率解释被彭罗斯理解为破坏了复变函数的全纯性，但量子退相干和在黑洞辐射中的信息守恒问题一直是最困扰人的谜语。

学理论物理的研究生喜欢这种失语的思考。因此，在江湖上流传这样一句话："为了得到一个理论物理的博士学位而毁灭掉的年轻人远比因为吸毒而毁灭的多。"

这也许就是量子力学的魅力所在吧。

比起霍金，彭罗斯谦逊而低调，他是一个纯粹的理想主义者，是爱因斯坦广义相对论精神的化身，他甚至认为，世界的本质是广义相对论的。他在辩论中再次推出了自己的扭量计划。他们的这次辩论后来在中国大陆被出版成了一本科普书《时空本性》。这本书毫无疑问是中国出版史上最难的科普书，中国大陆 13 亿人中，能够看懂这本科普书的，也许在 13 人左右。这本书短小精悍，第六章就是彭罗斯的《时空的扭量观点》。

威滕也是谦逊而低调的一个人。追索他的业绩，不难在威滕身上看到一点彭罗斯的痕迹，威滕在数学上的业绩也可以与陈省身、阿蒂亚（Atiya）、丘成桐等当代几何学大师相提并论。他也得到了菲尔兹奖。他获奖的一个原因，是他在 1981 年将丘成桐等人对广义相对论中正能定理的证明，利用旋量和超对称的方法进行了大大的简化——在这个意义上，假如没有超对称，时空将是不稳定的。为什么威滕能够想到使用旋量？这可能是因为当时广义相对论在彭罗斯影响下，旋量已经成了比张量更加优雅的语言，而同时威滕的父亲路易斯·威滕（L. Witten）是一位广义相对论学家，老前辈对旋量甚是喜欢，难免潜移默化到儿子。当然正能定理仅仅是威滕文豪般创作里的一小部分亮点，他的文章数已经达到 300 多篇，多数文章领导研究的时尚。他于1982年发表的研究宇宙早期的QCD相变的文章,到现在还是被广泛引用,因为这涉及到宇宙中的中子星——到底是不是真的中子星,也许是奇异夸克星。2000年以后威滕又在弦论的计算中引进了彭罗斯一辈子提倡的扭量手法。扭量理论和超弦理论的爱情故事已经展开,威滕是这个爱情故事的导演。

看到谦逊的威滕和彭罗斯,很多人觉得生命是那么宁静优雅。不由得让你感慨:

> "人生到处知何似,
> 应似飞鸿踏雪泥;
> 泥上偶然留指爪,
> 鸿飞那复计东西。"

但广义相对论研究时间与空间的性质,主要兴趣也停留在经典的范围和时空的整体几何性质上;粒子物理学家,只管研究粒子之间的相互作用,对于一个粒子物理学家来说,自由场其实不是物理,相互作用才是物理。算传播子,算散射矩阵和散射截面,对于粒子存在的时空背景,取平直时空的近似也足够用了。相对论与粒子物理似乎是井水不犯河水。

广义相对论的语言,大致分为坐标语言和彭罗斯的抽象指标及旋量语言。相对论发展到一定程度,数学家也不是很有兴趣了,在奇点定理之后,虽然数学家的兴趣有所回归,但因为正能定理被丘成桐他们搞定了,相对论和数学似乎再次渐行渐远。彭罗斯的扭量这一块,其实可以迅速地与复几何、代数几何联系。这似乎还没有引起国内人的兴趣,因为扭量,确实是非常之冷僻,空谷幽冷,泉水叮咚,也只能留得住三两个耐得住寂寞的隐士。

这是一种《山行》的意境:

> "远上寒山石径斜,
> 白云生处有人家。

停车坐爱枫林晚，
霜叶红于二月花。"

扭量也许永远也不会时髦。扭量不时髦的一个主要原因在于语言。因为写下扭量的语言是对大众非常陌生的语言——这种语言就是抽象指标和旋量语言。所以学习扭量语言来理解世界非常像国学大师用几百年前的突厥语、吐蕃语在现代人群中交谈。但它给能理解它的人的感受是"落霞与孤鹜齐飞，秋水共长天一色"，这是能够把广义相对论与规范场论联系起来的优雅的语言。

（3）

在上一章我们知道四维(复)时空可以与扭量空间建立一个对应关系。这个对应叫作对应(Incidence)关系。扭量空间中的一个扭量由 2 个二分量旋量组成。这是最简单的事实，一个扭量是 4 个复数，$Z^a = (z^0, z^1, z^2, z^3)$。一个二分量旋量是二维复空间的一个元素。一个扭量就是四维复空间的一个元素。四维复空间是实八维的。这样高维度的空间谁也没有见过，这个空间叫做扭量空间，一般记做 T。扭量是两个二分量旋量的组合，狄拉克旋量也是两个二分量旋量的组合，它是否是扭量呢？

答案是：狄拉克旋量不是扭量，虽然它们形式上一样，但他们满足不同的方程。

也许最简单的说法可能是，狄拉克旋量描述的电子有质量，扭量场描述无质量粒子，也就是说扭量方程是描述光线的。同时，狄拉克方程是物质场的运动方程；扭量方程不是描述一个真实物理的场，而是把时空点与光线建立了一个对应，或者说，把时空对偶成了扭量空间，正如伟大的傅里叶在坐标空间和动量空间之间建立了一个对偶关系。

所以，扭量计划在一定意义上是一种类似于傅里叶变换的手段，这是一个数学手法。这种手法被称为拉东（Radon）-彭罗斯变换。

拉东变换是 X 射线学里最基础的数学，也就是如何从 X 光片中恢复人体的骨骼和内脏结构——这在医学上叫做 CT 技术。

为什么要用 CT 的手法来建立这样的对应呢？

因为在量子引力的情景下，时空点是模糊的，所以需要用光线来代替时空点。人们希望利用复几何的种种优雅的工具来研究物理学。俄国的数学家马宁（Manin）写过一本《复几何和规范场论》，里面也写到扭量。中国需要有由中国人自己写的这样的书。有了这样的书，才说明中国的科学水平，终于赶上了西方。中国人不是东亚病夫，很多民间科学家在孜孜不倦地证明，而学院似乎在沉寂。民间科学家和少年儿童现在很幸运，因为彭罗斯在 2004 年出版了他的新书《通往现实之道路》（ *The Road to Reality* ）。这是他历时 8 年写的一本科普书，在某种意义上来说，这是又一本《费曼物理讲义》。《通往现实之道路》显然将影响未来的数学物理学家。

（4）

一个扭量 Z^a 由 2 个旋量组成，由这 2 个旋量平方之后可以写出无质量粒子的四动量和角动量。所以一个扭量也可以被认为是无质量粒子的四动量和角动量的平方根。也就是说，一个扭量可以充分地描写一个无质量粒子。

从对应关系出发，对对应关系进行微分，就得到扭量方程：

$$\nabla^{B'}(\,^B\omega^A) = 0$$

其中，$\omega^A=(z^0, z^1)$ 就是扭量 Z^a 的一个 2 分量旋量部分。在得到扭量方程的过程中，重要的是利用了对应关系中另外一个 2 分量旋量是一个常旋量。这个常旋量的导数为零，它的平方，也就是它的旗杆表示无质量粒子的四动量。常旋量平行移动不变，它的物理意义就是粒子的四动量不依赖于坐标系的原点的选择(注意闵氏时空是一个仿射空间,选择了原点后才是一个矢量空间)。

一般记Z^a的共轭扭量为$\overline{Z}_a$。

则Z^a与$\overline{Z}_a$满足不对易关系。

$$\left[Z^a\,\overline{Z}_a\right]=h$$

这其实就是量子力学的基本对易子。

有了对易子就实现了扭量的量子化。有了量子化的扭量,粒子就需要用波函数来描述。描述无质量粒子的波函数是射影扭量空间上关于Z^a的全纯函数。量子场论和扭量可以在这个基础上结合起来,最经典的文献是Ward和Wells的书《扭量几何和量子场论》,这个书的扉页写着"献给彭罗斯"。

扭量场方程其实就是共形不变的凯林旋量方程。用它可以解决不少数学问题,比如极小曲面的研究。

总之可以从很多个角度来看扭量,这就是数学物理优美的原因。数学和物理不是孤立的两座山峰,它们其实是一组绵长的相互沟通的山脉,在各座山峰之间,有很多彩虹相互连接。

(5)

扭量方程是引力理论里的一个基本方程。它是物理学里相继出现的几个最漂亮的方程里的一个。这几个漂亮的方程分别是:薛定谔方程,狄拉克方程,爱因斯坦方程,扭量方程。

爱因斯坦和彭罗斯是相对论山脉上最高大的两座山峰,彭罗斯继承了爱因斯坦的古典主义和理想主义。而扭量理论与圈量子引力一开始的联系是自旋网络,但之后的联系就中断了,故事刚刚开始,以前发生过的一切,仅仅只是序幕。

在我年幼的时候,妈妈说,天上每一颗星星,对应这地上每一个生命,当流星滑落天际的时候，地面上就有一个生命消失。这是美丽的、忧伤的文学，但这似乎也是扭量理论的实质。彭罗斯在天球与地平面之间建立了一个对应。换成复几何的语言，这就是在黎曼球面与复数平面之间存在球极映射，推广到四维，那就是在扭量空间和时空之间存在类似的球极投影——这类似于一种医院里经常用到的 CT 技术。

第二十九章 返璞归真:开方

引子:扭量理论的数学基础之一是开方。

（1）

在前面已经简单介绍了平坦的闵可夫斯基时空之上的扭量。对应方程使得光线代替了时空点,对应方程的微分表述就是扭量方程。把广义相对论量子化时,因为广义相对论所描述的时空是弯曲的,所以需要弯曲时空中的扭量方程——在这方面还没有一个很自然的扭量做法。把爱因斯坦场方程量子化需要一个自然的希尔伯特空间,但爱因斯坦场方程是非线性的,所以它的解空间不可能是一个线性空间。但希尔伯特空间首先是一个线性空间。粗略地说,线性引力波可以成为某个希尔波特空间里的矢量。而完全非线性的爱因斯坦场方程的解空间就是非线性引力子空间。

在标量场理论中,单个标量粒子的希尔伯特空间应该是克莱因—高登方程的正频解空间。而量子场论里的福克(Fock)空间可以在单粒子希尔伯特空间构造出来。根据这个思想,在爱因斯坦场方程里,一个非线性引力子应该对应真空爱因斯坦方程的一个正频解。真空爱因斯坦方程只有外尔曲率张量,把时空复化以后,外尔曲率张量的反自对偶部分对应左手引力子。这个是扭量理论处理引力子的基本手法,可惜这个手法在相对论学界几乎没有市场。这似乎再次显示出彭罗斯曲高和寡的一面。

引力子或者引力波是一个很有意思的东西,虽然理论上可以预言它的存在,但因为引力波在空间尺度上的波长一般很长,所以似乎很难在小尺度上被直接观测到。所以,引力波很像是鬼魂,大家全在讨论它,却是谁也没有见过的。也许,需要一个很好的量子引力的理论,才能谈论引力子或者非线性引力子的细节。

广义相对论作为一个数学物理的理论能够在牛顿近似下回到牛顿的万有引力,相比于其他也能在牛顿近似下回到牛顿万有引力的引力理论,广义相对论的特殊之处在于它非凡的美感,把爱因斯坦方程量子化的各种理论在纸上沉浮,它们也许全可被称为量子引力理论。但究竟什么是量子引力,这个问题也已成为21世纪物理学的最大隐忧。彭罗斯扭量理论是众多量子引力理论中较优雅的一种。总之,在上章已经谈到,不严格的比喻是,视网膜可以看成是扭量空间,每一条光线经过很多空间点,但留在视网膜上的是同一个点。所以时空中的每一条光线可以看成是射影扭量空间里的一个点,而每一个时空点可以看成射影扭量空间里的一个黎曼复数球面。扭量理论和超弦理论、圈量子引力理论一样,是量子引力的一个可能实现方案。但一直到今天,量子引力理论还是一个空中楼阁,或者是一座座建立在流沙之上的繁华城池,城池里的每一个居民都有一种绯红色的落日情怀。

（2）

在谈论量子引力之前,我们必须先再次了解一些关于量子力学的知识。

要想简单了解闵氏时空上的扭量理论,我们需把握其精神基础:自旋和复数,非局域(non-locality)性。展开来说,-1 开平方得虚数单位 i;克莱因-高登方程开平方得狄拉克方程;EPR 悖论得到量子力学的非局域性。

−1可以开平方得到复数，克莱因−高登方程的微分算子可以开方得到旋量，这两次大胆的举动分别由高斯和狄拉克做出。复数不能比较大小，但量子力学的波函数是复函数，量子力学中由量子回到经典的办法是让普朗克常数趋于零，这其实是波函数的本性奇点，因此这背后的数学在复变函数里叫做毕卡定理。狄拉克的方程里出现了旋量，用以描述粒子的自旋。既然粒子具有自旋，而广义相对论一直用没有自旋只有质量的世界线来描述粒子，因此很难把自旋优美地容纳进入广义相对论。

于是相对论有一个基本的问题，就是如何在世界线上体现出粒子的自旋？

扭量空间上可以定义内积：

$$S = \frac{1}{2} Z^a \overline{Z}_a$$

$\overline{Z}_a$是Z^a的共轭扭量。S包含粒子的自旋，被称为泡利—鲁班斯基（Lubanski）算子，可以通过庞加莱群的成生元表示出来。

（3）

自旋是量子力学和狭义相对论结合的一个产物，它可以在黎曼复数球面上表示出来，是一个旋量。

自旋是没有经典对应的，我们看到星球的转动，这些全不是"自旋"，而仅仅能被称为"自转"。在经典世界里没有自旋，但在量子世界里必然出现自旋。这是一个奇怪的事情，让我们再来回顾一下量子力学的发展。

1922年前后玻尔和索末菲（后者是海森堡和泡利的老师，泡利是海森堡的师兄）建立的旧量子论有一些致命的缺点，那就是不能解释原子光谱的多重线结构，也不能解释反常塞曼效应。在这一年，有一个叫施特恩（Stern）的实验物理学家，测量出银原子束的热运动速率满足麦克斯韦速率分布。他做完这个实验以后，和另外一个叫格拉赫（Gerlach）的物理学家一起，让处于基态的银原子束（没有轨道角动量）通过不均匀的磁场，发现原子束通过磁场后分裂为两股，这就证明了电子存在自旋。当时这两位物理学家的脑子里还没有自旋这个概念。他们提出这个概念的时候，还是把自旋当作是电子的自转，当时电子学大师洛伦兹计算的结果是旋转电子的表面速度是光速的10倍。从后来的历史发展可以看出，自旋不是自转，自旋不是三维空间里的自由度，它是来自一个幽灵世界的。而真正提出自旋这个概念是在1925年了，由两个年轻人提出来，他们是荷兰的古兹米特和乌仑贝克。

Stereographic projection

Spin ½ particle (eg. electron, proton, neutron)

$$u = \frac{z}{w}$$

Riemann sphere

自旋可以在黎曼复数球面上表示出来（彭罗斯／画）

物理上有了自旋这个概念,在数学上就用旋量来描述它。而前面已经一再强调,二分量旋量是类光矢量开平方。或者换句话说,描述电子自旋的狄拉克方程也是开平方得到的。

量子力学不但与自旋(旋量)有亲密的关系,它还天生与复数有着很密切的关系。i 这个英文单词,意思是"我",但同时被认为是 $\sqrt{-1}$,同时可认为是信息(Information)的第一个字母。量子力学的实质可以被概括为"i 很重要",这里面有 3 个意思:

1. $\sqrt{-1}$ 很重要。

2. "我"(观察者)很重要。

3. 信息很重要。

第 2 点包含着量子力学的波函数因为测量而坍塌的问题,彭罗斯认为这可能与引力有关系。第 3 点与量子力学的幺正性也就是信息守恒有关系,但黑洞的存在使得信息守恒像一个斗牛士进入西班牙斗牛场,生死未明,悬念迭起。我们不叙述第 2 个和第 3 个问题,也不准备叙述量子力学的非定域性,虽然像惠勒的延迟实验一样相当诡异。让我们看一下为什么 $\sqrt{-1}$ 很重要。

1919 年,德布罗意毕业于巴黎大学,他本科是学历史的。他在军队里做了一些无线电的工作后,对物理学变得非常有兴趣,于是去读物理学的博士。他出身贵族,父亲是法国内阁的一个部长。他写出了一个关系,可能同时说明任何有质量物体的粒子性和波动性。

这个关系出现在他的博士毕业论文里:$h=p\lambda$。其中 p 是动量,λ 是波长。h 是普朗克常数。他写出的这个反比例函数缺乏合适的物理理解,数学上只相当于初中二年级的水平。当然德布罗意是有一些理论推导的,但一言以蔽之,他认为爱因斯坦认为无质量的光子具有波动性和粒子性,那么我德布罗意提议,所有有质量的粒子,也是既有波动性,又有粒子性。重要的是,德布罗意还提出了一个非常直观的驻波条件,得到了原子离散能级。

假如认为波粒两象性是对的，那么对于粒子来说，最重要的是写出它的波动方程。但并不是所有的人全能写出波动方程。经典力学里的波动方程里是没有虚数的，而量子力学的波动方程必须含有虚数，这就是量子和经典的区别。

1926年德拜这样跟薛定谔说："你看了德布罗意的博士论文，他既然说粒子是波，那总应该有个波动方程吧。"

薛定谔带着情人来到了维也纳的某个滑雪场旅游。风景旖旎软玉在胸，薛定谔有了一个灵感，

薛定谔

他发现用作用量代替波动光学里的相位，可以写出一个方程。他写出了薛定谔方程，也就是量子的波动方程。在这个方程中，出现了i这个虚数单位。复数堂而皇之地进入了物理学的秘密花园！

（4）

旋量和复数，是彭罗斯在广义相对论基础上引进扭量理论的两个基础。彭罗斯认为，既然量子力学里天然出现复数，那么广义相对论里也应该出现复数，从而实现量子化。扭量理论必须继承量子力学的这两个特质。无质量场被表示为扭量空间上的全纯函数——全纯函数正是复函数；一个扭量场是2个2分量旋量场——其中一个旋量场是另一个旋量场的导数——作为导数的那个旋量场，必须是一个常数旋量场。

1931年8月8日彭罗斯出生在英国埃塞克斯州的科尔切斯特(Colchester)。1个多月之后，在中国爆发了日本入侵中国的九一八事变，蒋中正命令东北军放弃抵抗，内撤关内，国家渐成失地。到了同年11月9日，诗人徐志摩在济南附近因飞机触山身亡，中国的理想主义开始一次短暂终结。

1957年彭罗斯被授予剑桥大学代数几何博士学位，他的导师是托德(Tod)。彭罗斯还设计出常人难以做出的几何图形——彭罗斯地砖。他们的设计被荷兰艺术家艾斯丘(因创立光学幻影而闻名)收入石版画中。可以说在所有研究马赛克的人群之中，彭罗斯做得最好。

1963年在美国得克萨斯大学访问时，彭罗斯开始意识到罗宾逊线汇和克尔定理与复几何有紧密的关系。奥斯丁的得克萨斯大学后来有一个相对论研究中心，中心的主任是席德(Schild)；还有一个理论物理研究中心，惠勒和温伯格就一度呆在那里。

彭罗斯

彭罗斯1966年任伦敦大学博克贝克(Birkbeck)学院应用数学教授，到牛津大学工作时，他继续发展扭量理论。30多年坚持不懈的努力，使得他的人生被涂上理想主义色彩。彭罗斯分别在1984年和1986年和林德勒出版了《旋量和时空》的上下两册。第一册讲二分量旋量,第二册讲扭量。在相对论书籍的出版历史上,少有书可以与这部书相提并论。

彭罗斯从纯数学领域进入广义相对论是引力之幸运,正如威滕从历史学进入物理学是物理学之幸运。1952—1955年,彭罗斯在剑桥受到邦迪和莎玛影响,开始研究相对论。因为他的纯数学背景,他对时空的整体光锥结构和无质量场有极大兴趣,原因是它们俩在共形变换下保持不变。而扭量理论的非定域性则与代数几何里的层(sheaf)上同调理论有关,这是彭罗斯读博士期间最喜欢的东西了。

从另外一个角度来说,闵氏时空的共形群所作用的旋量正是扭量。扭量用一个等式可以大致说明其精神实质:

扭量=量子力学+广义相对论=旋量+复数+非定域性+共形变换

这个等式前两项与一个基本的初中数学技巧有关,那就是开平方。当一个初中生学完加减乘除以后,他(她)马上就要学习如何开平方。像高斯和狄拉克那样大胆地开平方正是扭量开始的地方。

第三十章 宇宙学常数：最完美的错误

（1）

如果一位男生对一位女生说："从宇宙大爆炸以来发生过的唯一一件事情就是我爱你。"这名女生听到这句话，心湖上一定会荡起涟漪。宇宙大爆炸已经是一个通俗的说法，虽然大多数人对这个概念还没有很清晰的把握。总的来说，宇宙大爆炸表明宇宙是从一个很小的空间区域扩展开来的——它是空间本身膨胀的过程。

在大爆炸之前宇宙经历了不到1秒的时间的暴胀（Inflation），这个过程里，宇宙的尺度因子随时间指数式的增长，所以"Inflation"在经济学里就是通货膨胀的意思。但也有观点认为，在暴胀之前，宇宙还不能用微分几何来描述；在暴胀之后，宇宙才有了大小，也变得光滑，可以由爱因斯坦方程来描述了。加拿大滑铁卢的圆周研究所的斯莫林在2006年有一篇文章，他把宇宙由小变大的这个类似暴胀的过程称为一个相变。暴胀之前是量子引力起作用的高温高密度相，他认为在这个相里面，几何描述当然还不存在，唯一可以被人利用的就是全息原理。所谓相变，简单地打个比方：液态水可以相变为气态水(水蒸气),相变的原因在于物体内部很强的相互作用。总之,斯莫林提出的"暴胀"指的是,宇宙由一个很小的区域变成一个比较大的区域,它的密度涨落具有近似的标度不变谱。在这个意义上,能得到标度不变谱的理论总是一个好理论,因此斯莫林的这篇文章也是一篇好文章。

告别暴胀,看看这个已经变大了的宇宙,到底有什么主旋律。

（2）

因为对于宇宙来说,假如真空的能量密度很大,它向外的压强就会很大(压强和能量密度在数值上的大小是成正比的),而朝外的压强如果太大,宇宙空间就会疯狂地膨胀,撕裂星系,撕裂地球,撕裂一切动植物——当然也包括人类——真空能的威力显然远大于核战争。

所以,这件事情对宇宙学来说就像是当年古巴的导弹危机,苏联人可以搞得全球人心惶惶。但一般大众并不了解真空能,也不懂它的宇宙学意义,所以泽尔多维奇的计算仅仅停留在物理学界。

但人类活得好好的。可见泽尔多维奇对真空能的计算并不能反映真的物理。

现在宇宙学已经有了一个确定的说法,那就是:在宇宙中,真空能的能量密度不会远远超过一般物质的能量密度,两者在数量级上应该是差不多相同的。这就是宇宙学中关于宇宙学常数(暗能量)的著名的巧合性(Coincidence)问题,就是说为什么在宇宙演化的漫漫时间长河中我们恰好处在一个暗能量和物质比重基本在同一数量级的时期。

于是,人类开始要为如何在理论上降低真空能而冥思苦想了。这在一般人看来有点像吃饱了撑的。无论是用普朗克能标做计算上的截断,还是引进超对称机制,真空的能量密度的数量级还是很大,大约是10的几十次方,而物理学家希望得到的计算结果是这个数接近于零,但又不完全是零。而膜宇宙模型可以做到这一点,这样似乎很好,但膜宇宙模型需要高维空间和膜之间的参数之间的精细调节——这种调节是非常不自然的,就好像一架出自家庭手工作坊的空客 A380 飞机,有太多人为的痕迹。

于是,降低真空能成了最大的物理学难题之一了。

因为在某种意义上讲,这就是用量子力学的方法来计算爱因斯坦的宇宙学常数究竟有多大,这像是计算圆周率,你能做的是不断地计算下去,但可能找不到更多有价值的信息,因为你不可能通过精确计算圆周率从而得到素数定理。

要寻找新的出路。理论上对宇宙学常数的计算,似乎成了一个量子引力问题。

（3）

宇宙 10 万年的背景辐射是一个光子背景,它们是最远古的使者,好的物理学家能在这个背景里不断找到新的物理。历史学家黄仁宇写了一本《万历十五年》,将万历十五年作为一个历史的横截面来讨论整个明朝的政策得失和历史演进。对于宇宙学家来说,宇宙微波背景辐射就是一本名叫《宇宙十万年》的书,它是一个凝固在天空里的宇宙历史横断面,不断地玩味这个背景,就可能得到诺贝尔奖金,2006 年诺贝尔物理学奖就授予了美国科学家约翰·马瑟(John Mather)和乔治·斯穆特(George Smoot),以表彰他们发现了宇宙微波背景辐射的各向异性。诺贝尔奖评审委员会发布的公报说,马瑟和斯穆特借助美国 1989 年发射的 COBE 卫星做出的发现,为有关宇宙起源的大爆炸理论提供了支持,有助于研究早期宇宙,帮助人们更多地了解恒星和星系的起源。公报说,他们的工作使宇宙学进入了"精确研究"时代。

这是事实了。

那么,能不能从宇宙微波背景中看出宇宙正在加速膨胀呢?

宇宙微波背景辐射是一个光子背景,现在已经有新的研究发现,通过光子的行为,我们可以确定宇宙正在加速膨胀。这就是并不著名的 ISW 效应——Sachs-Wolfe 效应的意思非常简单,因为在宇宙中存在物质,物质产生的引力势阱能够使得光子在进入这个势阱的时候增加能量,但当光子从势阱里出来的时候,它会失去能量,可是,因为宇宙空间在膨胀,这个势阱在不断变浅,所以,从势阱里出来的光子失去的能量比进入势阱时候得到的能量要少。总的来说,经过势阱的光子的总能量增加了。换句话说,从有物质的宇宙空间区域过来的光子比其他没有物质的区域过来的光子要热一些,这在斯隆(Sloan)数字巡天等观测数据里得到了应证。这说明,宇宙微波背景和宇宙大尺度结构,具有很强的联系。换句话说,从宇宙微波背景中也可以看出暗能量的存在。

在《最早的光》那一章中已经讲到,宇宙中还存在一个中微子的背景和一个可能存在的原始的引力波的背景,这些背景这里先不去招惹它们,因为中微子只有左手的,它可能是有质量的,并且不容易被探测到(穿透能力极强,穿过地球如入无人之境),这一切太复杂了。而引力波现在正在被努力找寻,中国科学院应用数学研究所的相对论小组也正在努力处理模拟的引力波数据,不过这方面的鼻祖是美国加州理工的索恩,他的后半辈子是一心一意搞引力波,有破釜沉舟的味道,中国读者应该是相当熟悉他的,因为他写过一本科普书《黑洞和时间弯曲》。中国似乎还没有钱支持探测引力波的巨大项目,但研究生的暑假学校却红火起来,比如 2006 年在南京大学的引力波暑假学校,2007 年在四川西华师范也搞一个引力波数据分析的暑假学校。

总之,现在我们手中的观测数据已经越来越多,暗能量的存在(也就是说现在宇宙的加速膨胀)已经勿庸置疑。除了超新星的数据,还有宇宙背景光子的数据可以佐证。后者在表面上看是宁静的,当它被发现是那么均匀的时候,彭奇亚斯和威尔逊这两个工程师不经意得到了诺贝尔奖,而当它被发现不是那么均匀的时候,霍金觉得这个事情简直是无比精美。

在本书行将结束的时候,让我们对这个光子背景做最后的告别。这个背景是寒冷的宇宙舞台,这个舞台的温度是零下270℃。在这个舞台之上,流星赶月,漫天繁星。对于这个寒冷的舞台来说,星星的生老病死显得生机勃勃。但这个舞台是光子背景,理论上极端高能的粒子不能在上面行走,因为极端高能粒子可以与背景光子发生反应——但奇怪的是,确实有科学家观测到了极端高能的宇宙射线,于是一个开放性的问题现在依然存在,那就是如何解释这些极端高能射线的来历。

（4）

简要地说,宇宙加速膨胀是通过观察超新星而发现的。

北宋的时候,超新星1054爆发。这个超新星是肉眼可见的,白天有23天可以看到它与太阳一起出现在天穹里。这个事件被中国史官记载下来,后来这些古文也出现在MTW的那本巨著《引力》中。超新星是天文观测的宠儿,在黑洞不能被观察到的情景之下,观察超新星是最好的选择。伽利略发明了天文望远镜,到了1998年,天文望远镜对其中一类亮度一致的超新星的观测得到一个惊人的结论:超新星看上去显得离我们比它们应该在的地方要更远——我们的宇宙正在加速膨胀之中。

直观地说,宇宙要加速膨胀,需要有一种反引力,这个反引力是产生排斥力的。

一般来说,这个情景能出现,被认为是宇宙在大约50亿年前已经由一个物质为主的时代进入了一个以真空(暗能量)为主的时代。

真空为什么会有这样的排斥力呢?

原因是因为真空具有正的能量密度,但具有负的压强。

霍金对宇宙学的贡献是他的无边界宇宙论，也就是说他认为宇宙的 $K=1$。相反，彭罗斯的扭量理论偏爱 $K=-1$。而微波背景辐射的角功率谱说明 K 非常接近 0，宇宙是平坦的。彭罗斯对他的扭量理论还是有一些幻想，他渴望宇宙空间是双曲的，所以他认为，我们的宇宙在可以被观测的范围内是非常平坦的，但在更大的尺度上，宇宙整体上应该是双曲的，也就是 $K=-1$。无论宇宙在整体上是怎么样的，一个改变不了的结果就是，我们的宇宙空间现在正在加速膨胀。反过来说，K 等于多少相当于问宇宙在空间上到底是不是有限的，这个问题在爱因斯坦年代是一个不好回答的问题。现在几乎已经可以确定空间是平坦的——但从物理学家的角度来看，没有无限的物理量，宇宙空间应该是有限的吧。

1998 年宇宙加速膨胀被发现之后，人们把引起这个加速膨胀的能量称为暗能量。这个暗能量到底是什么？到现在还没有人知道。我们仅仅知道背景光子、中微子绝对不是暗能量，因为人们对暗能量几乎一无所知——凡是你能叫上名字的粒子，全不是暗能量，暗能量可能是真空，或者是某个与真空很像的东西，一个没有名字的新事物。但这个暗能量在宇宙中占的比例，居然高达 74%。物理学家一向以理解宇宙为己任。但现在看来，除了 74% 未知道的暗能量，就是 22% 未知的暗物质（dark matter）。而物理学家比较熟悉的普通物质和辐射，只占了不到 4%。

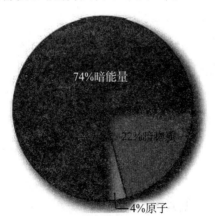

宇宙的能量组成百分比

如果暗能量的密度不会随着时间改变，那么这个暗能量就是爱因斯坦的宇宙学常数。所谓常数，就是它作为一个能量密度随着宇宙膨胀保持不变。因此密度乘总体积就是总能量，总能量随着宇宙膨胀在增加，相当于说，假如一个商人看见自己的钱放满在柜子里，自己想办法把柜子变得越来越大，而钱依然是满的一柜子。这真是一个无比让人喜悦的事情。不竭的暗能量滋生，几乎就是霍伊尔稳恒宇宙的变种，不同的是暗能量替换了实在物质。但有一些区别，在于暗能量具有负的压强，不是正常物质。而霍伊尔稳恒宇宙中诞生的是正常物质，具有正的压强，所以，霍伊尔稳恒宇宙不可能朝外加速膨胀。霍金在剑桥读研究生的时候，就非常不喜欢霍伊尔稳恒宇宙模型，还在一次讨论会上指出了霍伊尔的错误。霍伊尔当时非常生气，因为当年霍伊尔在科学界的新闻界的地位是非常高的。他的这个宇宙模型，在大爆炸宇宙模型被确定之前是非常有市场的，他本人也因为这个理论，在科学历史上的地位被打了折扣。

（5）

在宇宙学这个热门领域能生存下来的只有幸运的人，无论你是理想主义者还是现实主义者，运气显得非常重要，做物理有的时候非常像是赌博押宝。因为有很多很多个宇宙学模型，比如斯坦哈特（Steinhardt）等人就有一个宇宙模型，说我们的宇宙是另外一个宇宙碰撞以后激发的，那个宇宙与我们的宇宙通过第4维和我们分离，插一句话，斯坦哈特还因为某个宇宙模型的优先权和霍金吵了一架，他觉得霍金在《时间简史》中写到暴胀的时候歪曲了事实。在某个宇宙学模型里，又有许多解释暗能量的次级模型，现在这个情景还是没有改变，但如果一个模型有太多的可以手工放进去自由调节的参数，一般来说这个模型就算是相当糟糕的，但糟糕的模型也有人做，这又是为什么呢？其实是为了研究基金，因为没有文章就申请不到研究基金，没有研究基金那就再也不能研究宇宙学了，而宇宙学是多么地优美。一般来说，一个物理学家一辈子只做一两个自己的模型，像彭罗斯那样的杰出的人，只能处理数学模型，不能处理天文观测，所以他没有自己的宇宙模型。在这个意义上，宇宙学是一门很好的实验科学，而不是由个人的信仰来决定宇宙的基本参数的。

因此在研究相对论的科学家的人群中有两堆人，一堆人比较重视实验和观测数据，比如索恩；另外一堆人比较重视数学审美，是理想主义者，比如彭罗斯。后面一堆人争论黑洞无毛定理到底对不对，而前面那堆人关心的是如何能观测到黑洞和引力波。

爱因斯坦曾经在他那个时代在宇宙学领域表现出一位理想主义者的姿态，这个姿态使得他在物理实验还没有成熟的时候因为单纯信仰而引进这个宇宙学常数，这个被他认为是最大错误的常数使得他隐隐作痛。

但对于现今的物理学家来说，爱因斯坦犯下的却是一个最完美的错误。现在还没有人能解释究竟什么是宇宙学常数，究竟是什么引起宇宙空间在 50 万年前开始加速膨胀。可惜的是，只有爱因斯坦那么幸运，也许算是上帝单独地如此厚爱眷顾他。

第三十一章　霍金辐射

（1）

1984 年，这一年，霍金应邀第一次访问了中国，他先去了中国科技大学，然后来到北京师范大学。当时梁灿彬教授刚从美国回来，霍金讲演的时候，梁灿彬教授问了霍金一个问题："假如考虑到量子效应，你是不是还相信在黑洞之中会存在奇点？"霍金当时还不需要用电脑的语音合成器，虽然他的声音是很浑浊的，需要经过他人翻译，霍金的回答是这样的："是的。"

当年的北京城里全是自行车，中国刚刚改革开放，霍金的《时间简史》还没有出版，但他的声誉日隆。北京师范大学引力组的研究生把霍金抬上了长城。霍金在长城之上说："我宁愿死在长城，也不愿意死在剑桥。"当然，要考证这句话的来历，还得查吴忠超教授写的《无中生有》。不过，霍金从中国回去以后不久，就大病了一场，在瑞士做了喉咙的手术，他从此失声了。莎玛说，霍金因为在中国太累了，所以生了这一场病。

之后，霍金又来过两次中国，引起了媒体和大众的关注。他被奉为当代活着的爱因斯坦，这确实言过其实。霍金和爱因斯坦在学术贡献上有很大的差距，并且两人对名望的看法也是大相径庭——爱因斯坦从来不希望把自己塑造成为偶像。

（2）

在第一章已经说过,拉普拉斯是一位杰出的数学家,法国人,曾经在拿破仑的宫廷干过事。他对牛顿力学相当清楚,他从微分方程解的存在和唯一性中看出:只要给出宇宙的初始条件,那么宇宙的未来就是唯一确定的。

拉普拉斯的决定论带来了一代人的失落。因为一切全是注定的,宇宙无非是一个已经设计好程序的机械。很多人熟悉拉普拉斯的决定论,开始消极无为。通俗地说,拉普拉斯的决定论告诉很多男孩,其实女孩子不需要追求,因为是你的总是你的,不是你的总不是你的。"我无为,又想无所不为。"很多青年面对这个一切已经给定的宇宙,不免起了绝望的想法。但是,事情真的是这样的吗? 如果一切全是注定的,那么过马路的时候要不要看车呢?

拉普拉斯其实是太简单化了这个宇宙,但本质上来说,这个世界完全不像他想象的那样是决定性的,而是概率性的。所有可能发生的事情都可能发生,只要不改变时空的因果结构。拉普拉斯对宇宙的看法是错误的,于是他转而思考星星的演化。他又得到了一个暗星,这个暗星也就是牛顿力学意义上的黑洞。拉普拉斯得到了第一个黑洞,当然他的手法是完全错误的,但结论是正确的,那就是:"天空中最亮的星星,有可能是看不见的。"

拉普拉斯的结果是对的,虽然计算过程是错的。这也是一个比较漂亮的错误。其实拉普拉斯在计算引力的时候,相当于只考虑等效原理,也就是平坦时空上的引力,没有考虑引力场本身的弯曲;而他在计算光子能量的时候,用的能量公式也不应该是经典力学里的动能公式,而应该是相对论性的能量公式——因为光子天生就是没有静止质量的,天生是以光速运动,因而根本不存在经典动能。拉普拉斯的两个错误就像两滴泪水,流成了一行,让人非常动容。这一行泪水,后来流进了被爱丁顿羞辱后的钱德拉塞卡的心底。钱德拉塞卡在失望中离开了英国。但他也相信,最亮的星星是看不见的。

1962 年,同样是在英国,那一年,霍金最喜欢的女明星玛丽莲·梦露在 8 月自杀;到了 12 月,美国总统肯尼迪被刺杀。甲克虫乐队,也就是伟大的披头士乐队(The Beatles),在全世界有了广泛影响。在这种疯狂又有些梦幻般的残酷现实里,人们还经历了核战争的威胁,英国的青年们的裙子越来越短,头发越来越长,他们正在叛逆这世界,茁壮成长,但成长的过程中一切似乎非常不宁静。这个时候霍金 20 岁,风华正茂,他是一个看上去比较腼腆的一年级研究生新生,但他发现自己走路的时候经常莫名其妙地摔倒。

后来他听医生说自己得了运动神经细胞病,这个病将在 3 年内夺走他的生命。霍金感到无比的沮丧。

红尘任它凄凉。

美丽可爱的女大学生简答应跟他结婚,简是一个基督徒,善良而美好,

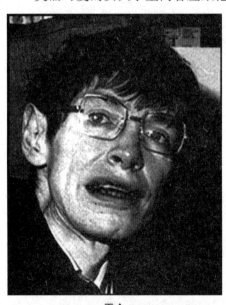

霍金

她相信上帝存在,虽然她也知道霍金也许会马上死去,但这个女生做出了一生中最重要的决定,这给了霍金继续生活下去的勇气。霍金刚上研究生的时候,霍伊尔的恒稳态宇宙学正是非常红火的时候,霍金想跟这个大老板做研究,但后来却只跟上了一个闻所未闻的小老板——莎玛。莎玛收了几个徒弟,后来比较著名的就是霍金、卡特和里斯。霍金没有跟霍伊尔,是一件幸运的事情。莎玛每天在办公室里,不像霍伊尔满世界地飞。莎玛也不怎么管学生,学生要是有问题想找

他,只要去办公室,莎玛总是在的。莎玛最常做的事情是带着几个徒弟去邦迪所在的伦敦国王学院去听另外一个大学来的叫彭罗斯的数学家的报告。于是霍金认识了他生命中最重要的师长。彭罗斯用共形变换来研究时空的整体性质,渐渐被霍金掌握,后来莎玛也承认,自己对霍金和彭罗斯的东西,已经看不懂了。

(3)

1973 年的圣诞节是霍金黄金时代的高潮。他开始用弯曲时空量子场论证明坍缩中的黑洞会有热辐射。这意味着黑洞并不是完全黑色的,这是一个伟大的进展——虽然现在人们并没有观测到黑洞。到了 1974 年的 1月,在他的文章正式发表之前,他把这个想法告诉了莎玛,莎玛把这个消息告诉了彭罗斯,彭罗斯也非常兴奋。马上就有很多别的文章引用霍金的结果,在当时还没有互联网和 arXiv,但整个引力物理的圈子已经轰动了。可见当时霍金对黑洞热辐射的证明颠覆了经典广义相对论给人留下的冰冷印记。这一年霍金才 32 岁,还算是非常年轻的研究人员。

黑洞居然是热的!

大家全在谈论霍金的观点。英国有一位叫泰勒的理论物理学家在霍金做报告的时候作为会议主席激烈反对霍金关于黑洞热辐射的观点,并且拉着另外一位物理学家当场离开了会场,他认为霍金简直是一派胡言。苏联的泽尔多维奇一开始也持保留意见,他小组里的其他成员自然也没有一人敢支持霍金——因为当时的苏联的研究小组,在学术思想上也是非常专制的,学派领袖具有非常高的权威。

霍金的观点在 1974 年发表在《自然》杂志上。他的证明用到了量子场论。1976 年,意大利的鲁非尼(Ruffini)和他的研究生达莫(Damour)用量子力学重新证明了黑洞具有热辐射。

黑洞辐射的温度和黑洞的质量成反比,所以对于恒星形成的大质量黑洞来说,热辐射的温度比宇宙背景辐射的温度要低很多,所以没有什么现实意义。但对于人造小黑洞就不一样了,比如两个质子碰撞,如果碰撞的能量足够高的话,碰撞就会产生一个小黑洞,然后小黑洞蒸发,就会产生一些光子、引力子、中微子等等。当然只看黑洞的辐射谱,根本看不到碰撞之前原来的那两个质子,但目前的全息原理认为,原来那两个质子的信息,包含在黑洞的视界之上,只不过不能把这些信息提取出来而已。

（4）

什么是黑体热辐射呢?在一个夜晚一群人围坐在炉子边上聊天,大家感觉到身子是热的,这就是热辐射在起作用。热辐射的粒子是光子,也可以是其他粒子。但物理上光子的模型其实就是量子力学里的简谐振子。普朗克的黑体辐射工作在20世纪初期开创了量子论,如果说量子力学时代是唐朝,那么普朗克就是李渊,他算是开国的皇帝。其实也正是普朗克给在专利局的爱因斯坦写去一封信,给当时的爱因斯坦的狭义相对论以很大的支持——1905年爱因斯坦发表了一篇没有参考文献,在圈内科学家看来是民间科学家写的很可能沦为几张废纸的文章。爱因斯坦后来收到了普朗克的信,信封上的署名让爱因斯坦激动得手在颤抖。普朗克说:"爱因斯坦,你干得不错。"对于爱因斯坦这个20来岁的似乎正在离学院越来越远的年轻人来说,还有什么比来自学院权威的正面支持更加重要?

在普朗克之前,热辐射理论在紫外和红外双双失效。普朗克提出了一个假设,假设光子的能量不是连续的,而是分立的,那么他可以得到一个在紫外和红外都有效的热辐射理论。

热辐射的光子数目是非常多的,多到要以1mol为量纲,也就是10^{23}个。这么多的光子当然需要用热力学统计。波尔兹曼和麦克斯韦等人早已经发展好了热力学统计。对于处于热平衡的系统，可以引进配分函数，然后计算平均能量。在普朗克的计算过程中，因为一个粒子处于能量为 E 的热力学概率是 $\exp(-E/kt)$。但 $E=n+1/2$（n 是自然数，这一步是量子力学的，也是引人入胜之处）。计算配分函数的过程就是高中数学的等比数列求和，而根据配分函数就可以得到普朗克的热谱。

黑洞的热辐射谱也正是普朗克谱。和普朗克一样，霍金也是考虑了量子效应。因为在黑洞的表面，真空的涨落会产生虚粒子对。虚粒子对是一对生死契阔的情人，一般情况下不能分开，要想把这两情人分开，需要外场提供能量，比如电场，或者引力场等等。牛郎和织女本来是不会分开，许仙和白素贞本来也不会分开，但一旦外来的黑暗势力介入，情人就分开了。这就是爱情之所以成为千古绝唱的原因。

虚粒子对因为黑洞表面强大的引力场的拉扯而错失对方的手。当其中一个虚粒子被黑洞的强大引力吸引掉进了黑洞，那么他已经与他曾经的情人阴阳两隔，只能是人鬼情未了。

现在假设情人中的女孩已经被黑洞强大的引力场带走，男孩有两种选择：

A. 跳进黑洞，跟着女孩。

B. 远离黑洞。

选择 B 方案的男孩跑出来，就成了霍金辐射。这很像电影《大话西游》里的至尊宝孙悟空，他放开了紫霞仙子的手，紫霞仙子进入了黑洞，已经死去，至尊宝孙悟空失去了爱情，就一个人独自走开。也许他确实应该去西天取经——爱情已经没有了，生命还留着，那么干点什么呢？自然是干一些舍生取义、普渡众生的事情。

霍金辐射就是这样产生的，这个逃离了黑洞的男孩现在没有了爱情的牵绊，相当地自由。有很多这样的男孩子，他们成群结队，翻过一个叫里格–惠勒的山。他们有的正穿过灿烂星汉，奔向我们的地球。

黑洞对他们来说，是埋葬爱情的最美丽的坟茔。

相思宛若离草，爱恨渐行渐远。

参考文献

［1］赵峥.黑洞的热性质和时空奇异性［M］.北京:北京师范大学出版社,1999.

［2］梁灿彬.微分几何入门和广义相对论(上、下册)［M］. 北京:北京师范大学出版社,2000、2001.

［3］刘辽,赵峥.广义相对论［M］.北京:高等教育出版社,1987.

［4］侯伯元,侯伯宇.物理学家用微分几何［M］. 北京:科学出版社,2004.

［5］李淼.超弦史话［M］.北京:北京大学出版社,2005.

［6］徐一鸿.可畏的对称［M］.北京:清华大学出版社,2005.

［7］关洪.原子论的历史和现状［M］.北京:北京大学出版社,2006.

［8］张永德. 量子力学朝花夕拾［M］.北京:科学出版社,2004.

［9］霍金.果壳中的60年［M］.吴忠超,译.长沙:湖南科学技术出版社,2006.

［10］霍金,彭罗斯.时空本性［M］.吴忠超,杜欣欣,译.长沙:湖南科学技术出版社,1997.

［11］徐仁新.天体物理导论［M］.北京:北京大学出版社,2006.

［12］曾谨言.量子力学［M］.北京:科学出版社,2003.

［13］宋菲君,S.Jutamulia.近代光学信息处理［M］.北京:北京大学出版社,1998.

［14］R.Penrose and W.Rindler. Spinor and Spacetime［M］.Cambridge University Press, 1988.

［15］R.Ward and R.Wells. Twistor Geometry and Field Theory［M］.Cambridge University Press, 1991.

［16］R.Penros and MacCallum. Twistor Theory——An Approach to the Quantization of Fields and Space-time［M］.North-Holland Pub., 1973.

［17］M.Bojowald.Elements of Loop Quantum Cosmology in 100 Years of Relativity-Space

Time Structure:Einstein and Beyond [J].World Scientific,2005.

[18] S. A. Huggett and K. P. Tod. An Introduction to Twistor Theory [M].Cambridge University Press,2nd,.1994.

附录(一)

引力简史

人类历史,始于蒙昧。置身悬崖,若无必死之心,望而却步,引力做功,碎骨粉身。虽引力乃最弱之力量,然其统治大宇宙之脉搏呼吸。亚里士多德指出引力秘密,为世人所奉。而千年之后,伽利略用思想实验,得自由落体真谛。此情此景,历历在目。几百年来,比萨斜塔,默默无语。上帝造物,宇宙洪荒,乃至牛顿,方显露一丝天机。牛顿引力,平方反比。方程曼妙,让人叹为观止。

牛氏遗腹,少年孤冷,其引力方程,上穷碧落,下至黄泉。玉兔升空,苹果落地,牛顿方程,半窥天机。方程横空出世,世间犹惊。返古溯源,乃开普勒之鞠躬尽瘁。白日西匿,开普勒于月牙高台,夜观天象,夙夜不眠。经济窘迫而身形憔悴,然于故纸之间,发行星运动之三定理。此乃呕心沥血之作也。

红尘百草,阡陌凋零,牛顿之后百年,法拉第铁匠之后,瓮牖绳枢之子,其英雄气长,研习安培之环路电流。奥斯特发现电可成磁,法拉第十年一剑,磁能生电。此间十年,实验无数,遍尝失败。

电磁相生,法拉第立场论。隔四十年,麦克斯韦设位移电流,写积分方程,电磁统一大成。然方程之中,未现磁单极子。狄拉克沉默寡言,深思熟虑，考虑量子力学，得电磁对偶。若单极存在，焉能以单一磁势覆盖球面？此乃纤维丛也。

场论既成，天下太平。爱因斯坦，犹太之子，其遍习引力历史，深通场论之奥义。厚积薄发，终成绝响。麦氏方程，天生超越伽利略之单纯空间变换。闵可夫斯基，乃得四维时空变换，保持麦氏方程。庞加莱亦有所闻，一时间群雄并起。狭义相对论，若隐若现，爱因斯坦，确凿物理实在于线性时空变换下不变。若较爱因斯坦之于庞加莱，庞氏深谙数学，而爱氏直指背后物理，深邃迥异于常人。公元 1905 年，爱因斯坦声名鹊起于天下，洞见时间须与空间一起，共铸时空流形，此乃千年来最广博深远之发现，天下唯此一人。

历史机缘巧合，全在暝暝之中。狭义相对论已大白于天下，然世间芸芸众生，依然不知所云。所谓动尺收缩，此中可见牛顿引力方程，水火不容于狭义相对论。牛顿引力，描述空间两点之距离，然空间两点之距离不复绝对，势必依赖于观察之士。物理勿须依赖于观察之士，乃广义相对论性原理，此为物理之基本也。爱因斯坦，深味其中悲哀。方十一年，其演习黎曼几何，工于张量计算。友士格罗斯曼，居功至伟。数学家推动物理学之发展，此一例也。爱因斯坦日复一日，确信物理之规律，为人力所不能撼动，须臾之间，乃相信物理之规律，应于人人平等。其思辨于升降机中遇见等效原理，偶遇一生之最快慰思想。自由落体，于其深邃双眸，复现璀璨光明。

物理与几何，一衣带水。黎曼几何，天才之手，问世三十余年，遂转入爱因斯坦，发扬广大，天下人膜拜而熟习之。爱因斯坦引力方程，几何等于物理，方程美妙绝伦，意味隽永。公元 1915 年，希尔伯特殊途同归，翁乃数学界之泰山北斗。引力历史于数学物理两家携手推动，此后数十年，群雄并起，爱因斯坦方程未绝于数学物理，人迹罕至，众生皆云高山仰止，引力冷艳孤傲。

人生不相见，动若参商，然爱翁之于鸿蒙洪荒之回响，余音绕梁。

之后数十年，黑洞兴起，宇宙加速膨胀，一切归于漫漫黑暗。

附录（二）

廿三年

　　张爱玲有一小说，名曰《十八春》，是十八年的意思，又叫《半生缘》。这个小说写得很好。我只看过她的这部小说，看完以后觉得我自己不应该写小说。因为，张爱玲、郁达夫他们写得很熟，算是看透了人间。那我只能干别的事情，绕开他们。于是选了20年的野路，去做别的学问。

　　我小的时候，看康德的《宇宙发展史概论》，大为吃惊，原来每个在地球上的人的原始来历居然是星云气体和尘埃。这样的感觉使得我觉得宇宙学是一个好的学问。当时我大概只有十来岁，又看了少数能见到的科普书，现在基本是没有记忆，但当时已经知道相对论与量子力学两件事情。初中时候评优秀学生，我写的自述里赫然有这样的语句：自学量子力学与爱因斯坦的广义相对论。这样的语言在现在看来是让自己头大如斗的，但初中时代的我突然一下子脑子里充满了问号。

　　后来我看了一些书。杨振宁的传记是我高中时代买的一本好书，我读了好几遍，初步地懂得规范场论这个新鲜名词。当时的感觉是，微分几何是重要的，因为杨振宁在赞美Chern的示性类的时候有一句诗歌：欧高黎嘉陈。陈省身的名字也开始被我关心起来。

我上初中的时候，思想是玩世不恭的，但性格算非常内向。在学校里我读书很好，相当自由，但一离开学校我基本不爱说话。我的脑子琢磨了大量物理知识，比如动量守恒与火箭。当时的心境是满头雾水。我相当幸运的是一天我舅舅给我一本解析几何与微积分的习题集，我几乎在瞬间学了微积分，微积分具有相当优雅的形式美。后来我的初中同学告诉我说，初中时候有一道题目数学老师做不出来，于是我用微积分给解答了。

　　我在相当长的时间内弄微积分，虽然我并不关心极限。我很早就知道为什么球面的面积是那样算的，积分积出来的。

　　当时我对数学是痴迷的，我的叔叔有几本大学数学的教材已经满覆尘埃，我找出来读了，苏联的翻译本也有，繁体字看不懂，但我开始关心一个问题，那就是最速降线。这个实际上就是变分。

　　我在初中的时候读到的书不多，有一本书《形形色色的曲线》，是一本很启发人的书。我当时看了以后想到一些问题，比如如何画椭圆，如何计算椭圆面积。

　　总的说来，初中时代使得我更多地关心起数学与物理来，虽然小学时代我更多关心的是武侠小说。看过的言情小说不多，只有五年级的夏天看了一本写早恋的《啊，少男少女》。这本书在一个下午被我看完，我开始明白男欢女爱的美丽。后来看的书也不多，记忆中有路遥的《平凡的世界》。我记得那里面有一段讨论宇宙与飞船的文字，路遥的那段文字给我的感觉很强大。

　　高中时代来临了，我上的中学是春晖中学。那学校算比较好的，但借书也不是随便自己挑的。我没有借到我想要的书，总体上我是巩固了初中时代对微积分的认识。我去浙江大学度过半个暑假的夏令营，那里的书店有书，我买了几本，比如李政道的文集，还有近代物理的讲义。现在有记忆的是当时去那里看了一次录像，好像是杨振宁在浙大的演讲录像。同时期我对热力学第二定律很有兴趣，我想知道人生是不是混沌，赌博与蝴蝶效应有什么关系。高中的生活马上要晃过去，我看的书里有一本叫《用物理方法解数学问题》,这本书是天津商学院的吴振奎写的。如果说这个世界上还有好书的话,那些书算一本。那本书的角度现在看来是牛顿或者威滕那样的角度。数学与物理是不分家的,陈省身在理论物理所访问期间有诗歌,第一句说:物理几何是一家,共同携手到天涯。

当然,一直到现在,我对吴振奎的书最后的完美矩形与电路的基尔霍夫定律的关系没有把握。高中时代我还不知道自己到大学要学什么,因为我的文科比理科要好一点。英语是最好的,写作文也是老气横秋。我已经忘记什么时候我有笔友,那人给我写信,说我文笔出众。后来我在大街的电线杆上看到一行别人写的字:我的文笔出众。

文笔出众在我看来有点小儿科,我觉得一个人要么物理出众要么数学出众,电脑出众也行,你要说自己文笔出众,我觉得那是很正常的事情,每个人的文笔都出众。当时有个我们学校毕业的人,成为小作家了,来春晖中学讲文学,坐在讲台上冷酷地抽烟、思索、谈论文学,我不觉得人家有多了不起。后来有院士来春晖中学风光讲演,我惊为神人。

高中时代是糊涂的,要学的东西很多,我们为了准备竞赛还读过大学的《细胞生物学》那样的高级书。

20岁那年,我要考大学了,填报物理系是越来越确定的事情。在浙江大学与北京师范大学之间我琢磨了一下,填了北京师范大学。当时没有想到的是,北京师范大学的广义相对论,在国内是一面旗帜。

到了大学,第一年真是散漫到了极点,当时我觉得未来很遥远,远到你不知道未来到底是什么。我做的最多的事情是上网和看电视,拿一点时间来写小说。在写小说上,我有过刻苦的锻炼,一天去自习教室写10个小时,然后叫打印店的小姐帮忙打字。当时的思想是写小说就是拿人性做试验,设计一个一个场景。我从高三开始疯狂研究徐志摩,我大一的暑假去了徐志摩在海宁的老家,人去楼空后我再次感怀,我以后有钱了要去他家隔壁造一栋楼房,他的故居边上的新华书店,是我考虑拆迁的对象。

徐志摩的作品是重要的,我从来没有从文学的意义上去想。但他的那种爱美与自由的风格，在当时我的心里是最重要的。我看陆小曼给《猛虎集》写的序文，说徐志摩云游去了，现在她很后悔当时自己的淘气，写着写着再没有人去执她的手了……我突然明白了很多事情，当时我对爱情是极度虚幻地追求，讨一句话恐怕是在茫茫人海中访我灵魂之唯一伴侣。

徐志摩的离婚与梁启超给他的证婚词，让我记忆深刻。

他是永远只有36岁的。这个在我看来是重要的，一个人居然没有老过，是不是一件极度潇洒的事情？

大一的散漫使得我开始接受一点后现代的思想。在大学里几乎所有的人都会后现代，但重要的是一个人不能永远停留在后现代。

大二上学期我还是散漫的，我还是写一点小说和文字，来慰藉自己。当然思想是不深刻的，我有时候觉得鲁迅是深刻的。有一门课程叫数学物理方法，上这课程的时候我开始跟不上老师的思路，我的面前出现的第一本难的书是梁昆淼的。我压根不知道这本书是要干什么、解决什么问题。当时脑子里还没有球坐标系这样的概念。我于是很痛苦，索性不学了。

大二下学期的时候我上网，开始看一些幻方什么的东西。看书也是没有品位的。量子力学是大三要学的，我当时觉得我应该学会写薛定谔的波动方程，那时候，实际上我的数学物理已经学得相当差了。我连一个矩阵如何对角化等一系列问题都不大会。

上网的时候也去超弦学友论坛（这个网络BBS是由中国科学院理论物理研究所的高怡鸿研究员开设的，这个论坛已经关闭多时了），上这个论坛的时候开始知道这个世界上还有这样一个人，他叫威滕。如果说每个时代都有被传说很邪门的人，那么威滕就是其中之一（2006年我在北京友谊宾馆和他合影了，他依然是我的偶像之一）。物理圈里有一个说法是威滕的文章写得很干净，他吃饭的时候把汤都喝光了，那我们吃什么？我大三时候的偶像之一是李淼教授，因为他写的《超弦通俗演义》我看不懂。现在我已经能看懂几个字了。

大三上学期我同时上裴寿镛教授开设的"量子力学"与另一门很有意

义的课程"微分几何初步与广义相对论",是由梁灿彬教授在北京师范大学物理系开设的。梁灿彬教授的课程相当于从几何角度讲解爱因斯坦的理论,抛弃了坐标系。我受到一点影响。

我开始不再想着写小说了,小说的力量太小了,一个方程能说明的事情,小说要写十万字才能说清楚。我虽然当时也看王小波或者别人的小说,基本上没有震撼之感。最震撼我的东西全部集中在几何上,比如 Gauss−Bonnet−Chern 定理。你生活在四维度的时空中,曲率怎么样,有多少洞。这样的事情让我煞费苦心。我开始处心积虑地学习一些几何与拓扑,企图赶上潮流。这个时候因为已经发现广义相对论与规范场论都与微分流形及它上面的纤维丛有关系,我开始明白了,自己的 23 年,渐渐走到一条数学物理的路上去。而至于这条路有多长,能走多远,那谁晓得呢?

初稿二零零四年五月十六日发表于繁星客栈

http://www.changhai.org/bbs/

跋

（1）

　　对于很多坏男人来说，爱情是性幻想的三棱镜中折射出的彩虹。对于一个数学物理学家来说，三棱镜折射出的彩虹是伟大的傅里叶分析。三棱镜对光的色散是牛顿发现的，当然，牛顿一辈子不近女色，伏尔泰对这件事情百思不得其解。牛顿是一个伟大的人物，他最重要的发现是万有引力。万有引力的精确的数学描述是广义相对论，读者们看到书的末尾一定已经知道，本书就是讲解广义相对论的。因为万有引力处理的是有质量的规则物体所产生的引力场——比如说质点、球体、圆柱体产生的万有引力就非常难算，但中国有一个叫陈应天的教授在剑桥大学的时候解决了这个问题。而实际上，真实的引力场有很多来源，比如电磁场和引力场本身还会产生引力场，所以，事情显得很复杂。但因为描述引力场的行为已经有了爱因斯坦的广义相对论这样一个完美的数学物理理论，所以，引力场其实比股票分析（赌场）要简单多了。

　　2005 年初，我开始在北京师范大学写《相对论通俗演义》，广义相对论并不是一门经世致用的学问，所以我努力把广义相对论写得有趣一点，让看的人不至于感觉太枯燥。当时我是物理系的研究生，写这样一本书，一开始是因为我觉得以后自己可能会离开物理学，所以，这本书将成为曾经在天空飞翔而过所留下的痕迹。当时，一开始我并没有想到自己要对中国的科普事业做出什么贡献。

北京师范大学——可能改回原来的"辅仁大学"的校名会更有亲和力。我是在这个大学里成长起来的，所以深受这个学校的校风的影响，这个学校的年轻学生，在历史上曾经有很大的冲动。比如匡互生练过武功，五四运动火烧赵家楼，就是他拉弯了窗上的钢筋，第一个钻进去开了门（后来他去了春晖中学当中学教师）；比如石评梅在北京女高师毕业后，结识了北大深受李大钊器重的高君宇，她由冬的残梦里惊醒；比如刘和珍在国家阴湿黑暗的角落里苏醒，她向政府请愿，却死在段祺瑞的枪口之下。

鲁迅在《记念刘和珍君》里写到，"苟活者在淡红的血色中，会依稀看见微茫的希望；真的猛士，将更奋然而前行。"北师大的学生，总是有热血的青年前赴后继。所以，当我后来继续写书的时候，我也希望自己满怀着一腔热情。

（2）

北师大的于丹教授因为在电视上讲《论语》红遍了中国，甚至因为于丹，《论语》重新成了这个后现代社会的一种文化现象。我偶然也会思索，相对论是不是也可能成为后现代社会里的一种文化现象。因为相对论比论语更伟大，更加充满了道德。可惜，在这个社会里，懂相对论的人实在是太少了，而懂《论语》的人却太多了。但相对论是不是一点用处也没有呢？其实不是，狭义相对论可以应用到原子弹的制造，假如没有狭义相对论，现在的伊朗和朝鲜政府就不会被美国那么咄咄逼人；假如没有狭义相对论，以前的广岛和长崎就不会受到毁灭性打击，日本政客更加可能好了伤疤忘了疼。而广义相对论可以应用到 GPS 全球定位系统，因为 GPS 卫星在太空有速度，按照狭义相对论效应，它的钟每天比地面上要慢 7 微秒，但因为卫星在高空受到的引力场作用比地面要弱，根据广义相对论效应，卫星上的钟每天比地面上要快 45 微秒。所以，两个相对论效应加起来，使得卫星上的钟每天比地面上要快 38 微秒。这就是生活中的相对论，自然应该成为我们文化的一部分。

当初我把文章的草稿发表在旅居美国纽约的卢昌海博士开设的网络论坛"繁星客栈"BBS 里；同时还贴到另外一个叫"两全其美"的网络 BBS 论坛的物理版上，当时物理版的其中一个版主是科学院高能物理所的郭奉坤博士——现在他已经带着妻子去了德国的一个研究所。我的文章当时得到了这两个网络论坛上的看客们的响应，并且还被转贴到其他地方。后来我的生活因此改变，在杭州浙江工业大学由吴忠超、蔡荣根教授等主持的 2005 年宇宙学和暗能量的学术会议上，就有人来打听究竟谁是张轩中，包括现在正在南昌大学的李翔教授。在这次学术会议结束后，我们还游历了美丽的杭州千岛湖，让我觉得做学问是多么好。2005 年开始有一些人打听我的来历，甚至包括理论物理所的郭汉英教授。北师大物理系的裴寿镛教授每次在偶遇我的时候总问我："张华，你的《相对论通俗演义》还准备继续往下写吗？"

（3）

在写作的过程中，我把读者定位在高中学生和大学理科的低年级学生，也考虑到少数读者可能是天才儿童。因为这些人比我年轻，也许可能因为读了这本书改变了自己的想法，变得习惯用四维时空的眼光看问题，用物理学家的眼光来打量这个世界和爱情，这是非常好的一种境界。

中国的读者中有很多大学生对广义相对论有非常强烈的兴趣，这种兴趣来源于他们想通过学习相对论从而做到温总理所说的仰望星空，从而逃开平凡的现实生活——因此很多人对时间的起源以及穿越时空有很多梦幻般的思考。但由于相对论实在是太脱离现实的生活经验,同时一直很少有中国人自己写的关于广义相对论的科普书,能让人读了以后如痴如醉,云山雾绕但爱不释手,导致中国的大学生对相对论的了解还是非常的有限,甚至很多人不清楚广义相对论和牛顿万有引力所研究的是同一件事情。泱泱大国,芸芸众生,多数人知道达尔文的进化论告诉我们人是由猴子变来的,知道孟德尔的基因学说告诉我们很多疾病是由基因决定的,却不知道广义相对论究竟是干什么用的。现在,著者终于尝试着写出了这样一本书来,并且得到了出版社的出版支持,这本书虽然是一本高级科普读物,但相信里面的很多章节是具有大学文化水平的读者可以慢慢看懂的。我在写作的时候,试图从光学的角度来展开整个书稿,同时强调了动力学对称性(拉普拉斯-龙格-楞次矢量),但因为广义相对论本身的内容庞杂,所以书稿总显得有点芜杂,但芜杂也是一种美,所以我希望这是一本好书,一本雅俗共赏的书,一本淋漓尽致的书,一本可以让大学生们读了以后有所感触的书。

我想,读过相对论的人最起码可能成为一个合格的电影导演。

电影是什么?按照相对论学家的语言来说,电影就是三维的空间在一维时间里的流动变化,这就是时空。在我上大学的时候,周星驰主演的《大话西游》就曾经震撼了我们这一代人——虽然他声称自己完全搞不清楚什么叫后现代主义,但他的电影确实打动了我们这一代人,因为里面有时空交错的爱情,爱情被错过了以后很是忧伤,现世和永恒,全可以在这个电影里看到。我们这一代人,被称为80后的一代,这一代人有自己的唏嘘感叹,有自己的无奈,但这一代人学会了幽默搞笑的宽容和失望冷酷的笑容,这也许是我们这一代人的人生态度。我们中的很多人也渴望为国家民族做事情,也自然能在共和国的各个岗位上担负起重任,当然万一拯救不了别人,我们自然要想办法先拯救我们自己。

80后出生的人,很多人喜欢看美国的电影大片《终结者》,以及香港电视剧《寻秦记》、周杰伦的电影《不能说的秘密》，从内容和情节上，这些艺术作品讲的是穿越时空的故事，本质上这就是广义相对论。

人类能不能回到过去？要回到过去，就相当于要在时空中存在闭合类时曲线。以下是一些关于相对论的说法：

A.在一些奇怪的时空（比如 Godel 时空）中，这在理论上是可能的。

B.在一般的时空，比如我们的宇宙（FRW 时空），我们要回到过去，相当于在宇宙的某一个区域，我们要有虫洞。虫洞的存在需要负能量密度的支撑，因此打开一个时空隧道很难在技术上实现。

C.回到过去将会产生弑母悖论。比如小王今年18岁，回到20年前，他不小心杀死了当年还是少女的他的妈妈。于是小王的妈妈没有机会怀孕，那么小王又怎么出生呢？

因此在这本书里，著者虽然没有花很多篇幅来明显地谈论时间和空间的亘古难题，但是，简单地说，这本书的全部知识和内容，全在于处理这个基本问题。也许对于少女来说，时间是几本日记，里面写的秘密情事全要藏匿；对于文学家来说，时间就是小说，写下了文字也就度过了精神上极端痛苦的时间，文字甚至留住、凝固了时间；对于历史学家来说，时间就是风起云涌，断壁残垣；但对于相对论学家比如彭罗斯来说，时间也许正是外尔曲率。所以，本书多次强调外尔张量，虽然没有具体地谈彭罗斯的外尔曲率猜想和关于裸露奇点的宇宙监督猜想。本书不追求谈论一些高深莫测的名词，而是重视强调一些广义相对论中基础的知识点。

（4）

曾经的专利局小职员爱因斯坦是很多人心目中的英雄，也一直是我心目中的英雄。当我在读初中和高中的时候，非常强烈地渴望自己能懂得广义相对论，可是，我当时的感觉是自己完全想不清楚事情。这让年少的我很痛苦,这样的痛苦陪伴我彷徨度过少年时代。因此,现在的中国,肯定有很多同样的中学生,他(她)们渴望懂得广义相对论,但一直没有机会把自己提高到能写出爱因斯坦场方程的水平,所以,一定是在苦闷中度过生命,而生活的洪流随时会把他(她)们卷走。

在我看来,中学生如果不学广义相对论,以后的生命在某个尺度上可能会缺少了一个维度。当我在浙江省绍兴市春晖中学上高中三年级的时候,当时的校长潘守理老师就开了一门选修课,来给我们讲一点物理的方法论,当时他就谈到爱因斯坦电梯和等效原理。这让我心情非常激动,仿佛听见天籁之音,生命之弦似乎被他人拨动。等我来到了北京师范大学物理系,从大学三年级就听了梁灿彬教授的课程"微分几何入门和广义相对论",等我到大学毕业,我感觉自己终于无知到了只懂得相对论了。以后的生活,无论怎么样,总觉得自己的精神世界里有了一种叫相对论的保护膜,能让自己尽量地避免掉入猥琐的生活。

我们的中学生在混沌的生活里,渴望和自己心中的英雄靠近。但往往缺少一个良师、一本好书的引导,缺少一个拐棍能让我们伫立在湍流里不倒下。

相对论确实是一种人生观。

王家卫的电影《东邪西毒》里欧阳锋说道:"每个人都会经历这个阶段,看见一座山,就想知道山后面是什么。我很想告诉他,可能翻过去山后面,你会发觉没有什么特别,回头看会觉得这边更好。但是他不会相信,以他的性格,自己不试试是不会甘心的。"

因此我相信,中学生读者们一定是想自己试试学懂相对论的。

（5）

读者们抱着试试看的心态跟随我从相对论的基础出发一直走到扭量

理论,沿途看到宇宙学和黑洞以及量子引力的一些历史故事和一些正在发生的事情。爱因斯坦和彭罗斯是广义相对论精神的化身,他们严重地怀疑量子理论。量子力学中的惠勒延迟选择实验是多么神秘,量子力学也告诉我们世界是一个属人现象,在测量之前,所谓实在并不存在,这在哲学上完全违背了广义相对论里体现出来的物理实在不依赖于观察者的理念。所以,量子力学也是非常优美的学问,所以本书还偶然写了一点量子力学。量子力学正在成为中国一些演艺圈人士努力探索的一门学科,比如陈道明拍的电视剧《我们无处安放的青春》(女演员江一燕,有一个镜头是她拿着北京大学的曾谨言教授的量子力学教科书)。中国需要这样的文艺圈人士,量子力学和相对论已经出现了 100 年,100 年以后,这两个基础学科应该成为我们文化的一部分。

扭量理论到现在还没有取得最后的胜利,甚至永远不会成为主流,不会成为潮流的东西有的时候往往是优美的,因为它超凡脱俗。圈量子引力也没有完全地在通向量子引力的跑道上领先,这个理论被有些物理学家诟病,但它认为量子化的空间几何是离散化的思想一直值得借鉴。比起超弦理论,广义相对论背景之下的量子引力理论是不耻最后的赛跑者,不过虽然超弦理论的研究者很多,但至今还是没有很好的能够站得住脚的东西出来。因此无论是什么量子引力理论,也许真的全是不靠谱的。据说,现在的物理学家们有 100 个量子引力模型,但全是错误的,所以不要对量子引力的理论当真,按照赵本山的话来说,目前的量子引力就是"忽悠,使劲忽悠"——也许300 年后人类才有可能真正理解什么是量子引力。但目前量子引力理论中所用到的数学,还是值得学习的。所以,本书从开篇就强调了数学的重要性。

(6)

本书前期的草稿是在北京师范大学写成,北京师范大学的引力组是我开始成长的地方,梁灿彬教授把我带进了相对论研究的大门,使得我终于结束了在黑暗的胡同里徘徊的苦闷经历。梁师为中国的相对论普及做出了历史性的贡献,这个贡献相信在未来的日子里将会被历史的放大镜放大了来为国人看到。历史上曾经在北京师范大学引力组的所有人全值得感谢,比如周彬博士介绍了一个工作机会给我,使得我在研究生毕业的时候没有成为一个失业者。我的师姐吴骏、龚雪飞,师兄阳劲松,同学裴彤、柳振兴,我的师妹丁优等等全给了我一些帮助。本书在确定将要出版以后,后期修改整理是在北京普析通用仪器有限责任公司完成的,在这里要感谢田禾总经理和王薇主任,我在总经理办公室上班比较悠闲,做一些光学研究同样让人心情非常愉快。

赵峥教授和刘润球研究员为本书做序,他们的支持非常重要。书稿最后能付梓,出版社的编辑廖佳平女士做出了很好的策划和很多的贡献。作家龙子仲先生等也和我在北京见面,谈了对书稿的看法,在此一并表示感谢。对提供文稿中插图的各位同仁,已经在书中署名,在此一一表示感谢。本书在写作的过程中,得到了很多人的关心。在此记得他们的名字:卢昌海博士、王智勇博士等网友阅读了部分初稿,指出了原始文章里的一些错误;现在巴黎高师的孙飞和现在将去加拿大圆周研究所的张宏宝和我一起开始了对扭量理论的讨论。北京师范大学物理系马永革教授使我得以见到很多国际著名的量子引力专家;湖南科技出版社的编辑孙桂钧女士使得我2006年在北京友谊宾馆能近距离接触霍金,让我对霍金有了更深的了解。

无论书写的怎么样,这可能是我这辈子正儿八经地做的第一件事情——通俗地演绎了相对论的历史,纵横捭阖地评论了一些国际的研究前沿,穿插介绍了一些中国研究者的现状。错误和缺失,文笔矫情之处,不能避免,请读者们委婉批评。想要和著者商榷的同志,可以联系如下电子邮箱:poetmomo@163.com。

人生很多时候是一部不可能完成的作品。荒凉和缺憾的感觉一直缠绕着年轻时候的自己。是对谁的诺言,使得我写下这些文字。爱一个人不可能到类光无限远,做一件事情同样不能永远做下去。我得停下笔来了,但是,读者们在年轻时代能读到一本好书,一定是胜杀十年猪。著者因此感到非常地欣慰,并且脸上露出了阿 Q 般的微笑。

本书一定对比我年轻的读者们有益,鉴于本书收集了一些历史资料和江湖逸事,对研究相对论的各个层次的人士甚至包括相当正经的大学里的研究生都可能是有用的,因此可以放在床头或者卫生间里以博一笑。

张轩中

2017 年 12 月 20 日